MATEEN KHAN

TETRACICLINAS E MACROMOLÉCULAS

MATEEN KHAN

TETRACICLINAS E MACROMOLÉCULAS

Propriedades de ligação e danos das tetraciclinas à albumina e DNA

ScienciaScripts

Imprint
Any brand names and product names mentioned in this book are subject to trademark, brand or patent protection and are trademarks or registered trademarks of their respective holders. The use of brand names, product names, common names, trade names, product descriptions etc. even without a particular marking in this work is in no way to be construed to mean that such names may be regarded as unrestricted in respect of trademark and brand protection legislation and could thus be used by anyone.

Cover image: www.ingimage.com

This book is a translation from the original published under ISBN 978-3-8443-9322-4.

Publisher:
Sciencia Scripts
is a trademark of
Dodo Books Indian Ocean Ltd., member of the OmniScriptum S.R.L Publishing group
str. A.Russo 15, of. 61, Chisinau-2068, Republic of Moldova Europe
Printed at: see last page
ISBN: 978-620-3-34522-3

CONTEÚ

CAPÍTULO-I: TETRACYCLINCES UMA VISÃO GERAL

As tetraciclinas são um grupo de antibióticos derivados do anel de naftaceno (1,4,4a,5,5a,6,11,12a octa-hidronaftaceno) com uma distribuição característica de ligações duplas e substituições. Estes antibióticos foram agrupados em duas classes principais com base no seu modo de acção (Chopra, 1994). As tetraciclinas clássicas (classe I) incluem tetraciclina, clorotetraciclina, doxiciclina e minociclina, que são consideradas como agentes bacteriostáticos. Contudo, as tetraciclinas de classe II ou atípicas, incluindo anidrotetraciclina, 6 tiatetraciclina e chelocardina, são agentes bactericidas e promovem a lise celular (Oliva *et al.*, 1992; Chopra, 1994). Em geral, as tetraciclinas de classe I constituem um grupo de antibióticos de largo espectro. Estão intimamente relacionadas em termos da sua estrutura química e actividade antimicrobiana, mas diferem no que diz respeito às suas propriedades farmacocinéticas. Estas tetraciclinas têm inibido (a) a síntese proteica, impedindo a ligação do aminoacil-tRNA ao ribossoma (Lucas-Lenard & Haenni, 1968; Gale et *al.*, 1981), (b) a auto-cópia do grupo I e do grupo II do intrão do gene Cox *I* do ADN da levedura (Liu et *al.*, 1994), e (c) a reacção de auto-clevagem de ribozimas do vírus delta humano (Rogers et *al.*, 1996). Ligam-se covalentemente à subunidade 30 S do ribossoma e do ácido poliuretílico (Connamacher & Mandel, 1965; Reboud et *al.* , 1982; Goldman et *al.*, 1983). Também provocam alterações na membrana citoplasmática, resultando em fugas de nucleótidos e outros compostos da célula (Pato, 1977). Em concentrações mais elevadas, as tetraciclinas de classe I também induzem a fotohemólise de eritrócitos humanos por um mecanismo independente do oxigénio (Nilsson *et al.*, 1975).

O antibiótico clorotetraciclina (CTC) foi o primeiro a ser isolado de um microrganismo do solo *Streptomyces aureofaciens* (Duggar *et al.*, 1948), seguido de oxitetraciclina (OTC), derivado de *S. rimosus* (Finlay *et al.*, 1950). Posteriormente, a tetraciclina (TC) foi sintetizada pela hidrogenação catalítica da clorotetraciclina (Boothe *et al.*, 1953). Todas as tetraciclinas têm uma estrutura comum de quatro anéis de benzeno com modificações individuais de anéis distintos, como mostra a Figura 1. A elucidação da estrutura do TC ajudou muito nas manipulações estruturais e no desenvolvimento de novos derivados. Por exemplo, CTC tem cloro substituído na posição C-7 e OTC tem um grupo hidroxil na posição C-5 de tetraciclina. A remoção de um grupo metilo da posição C-6 do CTC produz demeclociclina (DMTC). A eliminação de um grupo hidroxil da posição C-6 de CTC produz doxiciclina (DOTC) (Jonas *et al.*, 1984).

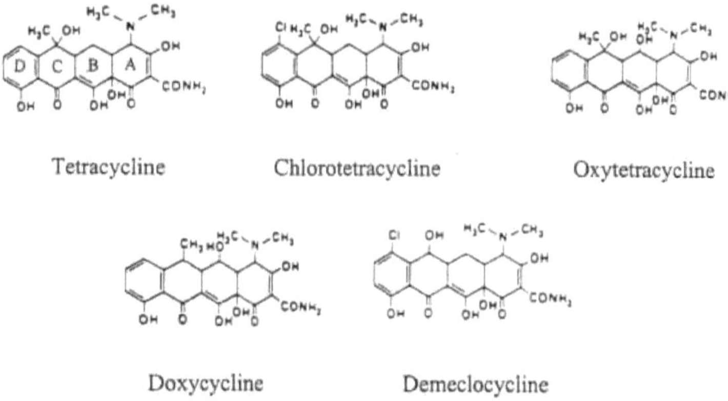

Tetracycline   Chlorotetracycline   Oxytetracycline

Doxycycline   Demeclocycline

Figura 1. Estruturas de Tetraciclinas (Adaptado de Egle, 1995).

As tetraciclinas são substâncias anfotéricas com três valores de *pK*. Os valores de *pKa* são atribuídos ao sistema tricarbonilo do anel A (*pK1*), à função dimetilamónio do anel A *(pK2)*, e ao sistema fenólico P-diketone na região C-10-11-12 (*pK3*) (Stephens *et al.*, 1956). Com base nos valores de pKa, as tetraciclinas existem como um zwitterion a pH neutro e monoanion acima de pH 8,0. As monoaniões são conhecidas por serem as espécies reactivas e têm um ponto isoeléctrico a cerca de pH 5,0 (Mitscher, 1999). Tem sido relatado que a orientação alfa-estéreo da dimetilamino-moiety C-4 das tetraciclinas é essencial para a sua actividade biológica. A presença do sistema tricarbonilo do anel A permite a enolização, envolvendo a perda do hidrogénio C-4, como mostra a Figura 2. Contudo, a reprotonação a partir do topo do enol regenera a tetraciclina, enquanto que a partir do fundo produz 4-epitetraciclina inactiva. Em equilíbrio, a mistura consiste em quantidades quase iguais dos dois diastereómeros (Mitscher, 1999). A remoção do grupo hidroxil da posição C-6 reduz a degradação da tetraciclina (Barza *et al.*, 1975; Grassi & Sabath, 1981).

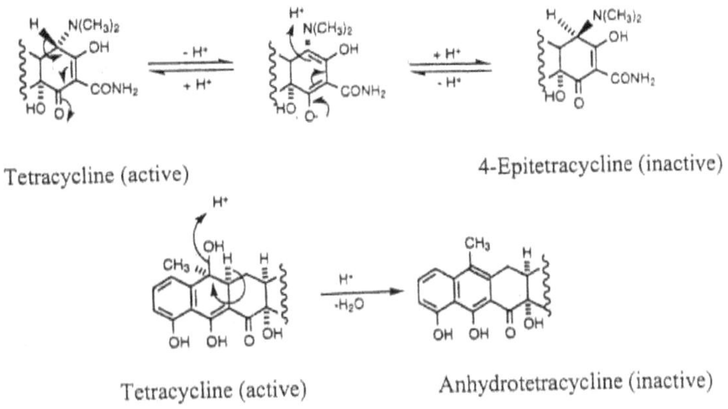

Figura 2. Estereoquímica e epimerização da tetraciclina (Adaptado de Mitscher, 1999).

Biossíntese de Tetraciclina

Biossíntese de tetraciclina ocorre por uma complexa sequência de transformações envolvendo condensação de coenzima A de malonamoyl e oito unidades de acetato. O processo é bastante análogo à biossíntese do ácido gordo, excepto que a maioria dos grupos carbonilo permanecem na molécula e auto condensam-se de forma controlada para produzir o núcleo parcialmente reduzido do naftaceno (Figura 3). Uma sequência de reduções, oxidações, metilações, aminações e desidratação completa a sua biossíntese (Mitscher, 1999).

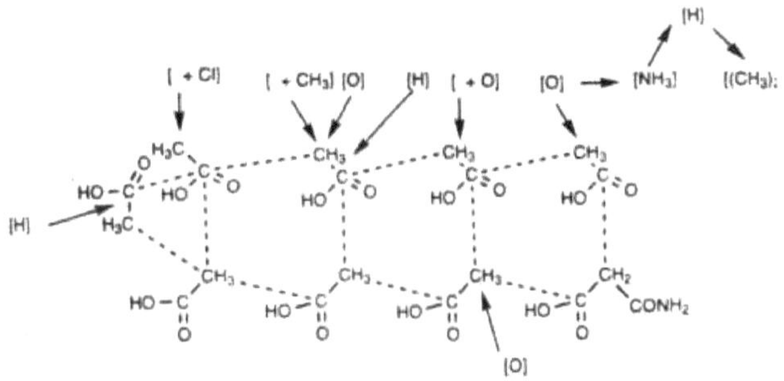

Figura 3. Biossíntese de tetraciclina (Mitscher, 1999).

Mecanismo de Acção em Bactérias

As tetraciclinas entram nas células bacterianas através de uma combinação de difusão passiva através de canais hidrofílicos formados pelas proteínas porosas da membrana celular externa, e um mecanismo de transporte activo dependente da energia que bombeia todas as tetraciclinas através da membrana citoplasmática interna (Chopra & Howe, 1978). Todas as tetraciclinas foram consideradas altamente eficazes contra bactérias Grampositivas e Gram-negativas, incluindo o *bacilo Tubercle* insensível à penicilina, *Rickettsiae* e as espécies *Clamydial* (Osol & Pratt, 1973). As tetraciclinas inibem a síntese de proteínas bacterianas ligando-se aos ribossomas 30S, impedindo o acesso do aminoacyl tRNA ao local de aceitação no complexo mRNA-ribosoma (Hogenaur & Turnowsky, 1972; Pato, 1977; Hlavka & Boothe, 1985). Esta acção impede a adição de novos aminoácidos à crescente cadeia de polipeptídeos. Alterações induzidas pela tetraciclina na membrana citoplasmática levam à fuga do pool intracelular de nucleótidos, aminoácidos e outros compostos da célula. Pato (1977) também relatou inibição da replicação de ADN a concentrações mais elevadas de tetraciclina. Estes antibióticos também apresentam propriedades quelatantes e alegadamente quelatam cálcio, magnésio, manganês e iões de alumínio necessários para a actividade enzimática nas células (Caswell & Hutchison, 1971; Schneider et *al.*, 1983).

Mecanismo de Acção no ser humano

Absorção

Todas as tetraciclinas administradas oralmente são suficientemente absorvidas no tracto gastrointestinal. No entanto, a taxa e extensão da absorção varia entre os indivíduos. A percentagem de uma dose oral que é absorvida é menor para CTC (30%), intermédia para OTC, DMTC e TC (60% a 80%), e maior para DOTC (93%) e minociclina (100%) (McDonald et *al.*, 1973; Egle, 1995). Alimentos e leite diminuem significativamente a absorção de TC, CTC, OTC e DMTC sem afectar significativamente a absorção de MC e DOTC (Fabre et *al.*, 1971; Cunha et *al.*, 1982). Antiácidos contendo cátions di e - trivalentes tais como alumínio, cálcio, magnésio e ferro formam complexos pouco solúveis com as tetraciclinas e interferem com a absorção gastrointestinal. Cerca de 20 a 50% da droga permanece quelada com os catiões e é eliminada nas fezes (Barr et *al.*, 1971; Elliott & Armstrong, 1972; Neuvonen, 1976). A absorção de TC foi correlacionada com o seu nível de plasma após a administração. Tem sido relatado que o TC, após uma dose oral de 500 mg, atinge o soro dentro de 30 min, e atinge um pico de concentração de 4 ag/ml dentro de 1 a 3 h. Da mesma forma, o CTC numa dose semelhante, atinge um nível sérico de apenas 1 ag/ml. Tanto a minociclina como o DOTC a 200 mg de dose de carga oral, atingem um nível sérico detectável dentro de uma hora. A administração intravenosa de tetraciclinas também demonstrou produzir níveis de soro quase semelhantes (Holvey et *al.*, 1969; Lang, 1971; Cartwright et *al.*, 1975; Leiboautz et *al.*, 1978). A meia-vida do soro para TC,

OTC, DMTC, DOTC e CTC foi relatada como sendo de 10, 9, 15, 15 e 7 h, respectivamente (Jonas *et al.*, 1984). As características farmacocinéticas de algumas das tetraciclinas comumente utilizadas estão resumidas no Quadro 1.

Quadro 1. Propriedades farmacocinéticas das tetraciclinas

Drogas	IG Absorção (%)	T $\frac{1}{2}$ (h)	Excreção na urina (%)	Nível de soro de pico (pg/ml)
TC	80	10	60	2-4
CTC	30	07	20	2.5
OTC	60	09	70	2.0
DMTC	70	15	40	1.3
DOTC	93	15	35	2-4
MC	100	17	10	2-4

Adaptado de Jonas *et al.* (1984) e Egle (1995).

Distribuição

As tetraciclinas estão bem distribuídas na maioria dos tecidos e fluidos do corpo, incluindo fígado, baço, medula óssea, bílis e líquido cefalorraquidiano (LCR). A concentração de TC no LCR foi reportada como sendo cerca de um décimo da concentração sérica simultânea (Finlândia & Garrod, 1960). Os medicamentos também atravessam a barreira placentária e entram na circulação fetal e no líquido amniótico em quantidades apreciáveis. As concentrações de TC no plasma do cordão umbilical e no líquido amniótico atingem 60% e 20%, respectivamente, da concentração na circulação sanguínea da mãe. O transporte destes antibióticos através da membrana celular rica em lípidos é altamente dependente do seu índice de lipossolubilidade. No entanto, mais tetraciclinas lipofílicas são acumuladas no tecido corporal e têm sido detectadas mesmo no leite das mães lactantes (Kapusnik-Uner *et al.*, 1996). A liposolubilidade tem sido relatada como sendo a mais elevada para o MC seguido pelo DOTC e OTC (Egle, 1995). Portanto, as concentrações de tecidos e fluidos variam consideravelmente entre os membros da família das tetraciclinas. O DOTC e o MC penetram mais rapidamente no cérebro, olhos e tecidos do epitélio intestinal. A concentração até 30 vezes acima do nível sérico normal de tetraciclinas tem sido relatada na bílis de pacientes com doença não obstrutiva do tracto biliar. A maioria das tetraciclinas também foi detectada em baixas concentrações em lágrimas e saliva. Foram detectadas concentrações entre 0,6 e 6,5 Hg/ml na secreção vaginal da mulher que toma 250 mg OTC quatro vezes por dia (Thin *et al.*, 1979). Após uma dose oral de 250 mg de TC, três vezes por dia, o seu nível na expectoração foi reportado como estando no intervalo de 0,4 a 2,6 Hg/ml (Ruhen & Tandon, 1976). Do mesmo modo, a concentração de DOTC na linfa do ducto torácico e no fluido peritoneal é mantida em cerca de 75% dos níveis séricos simultâneos (Anderson *et al.*, 1976), e que no tecido cólico excede o nível sérico (Hojer & Wetterfors, 1976). A concentração de DOTC no tecido prostático também atinge 60% da concentração sérica (Eliasson & Malmborg, 1976; Oosterlinck et *al.*, 1976). São relatadas concentrações mais baixas de DOTC em osso (Dornbusch, 1976), pele, gordura subcutânea e tecido tendinoso, contudo, o nível nos músculos foi determinado como sendo relativamente mais elevado (Gnarpe *et al.*, 1976).

Excreção

A principal via de eliminação para a maioria das tetraciclinas é através do rim (Dimmling, 1960). Estes fármacos são relatados como concentrados no fígado e também excretados através da bílis para os intestinos (Barza *et al.*, 1975). A eliminação através do tracto intestinal ocorre mesmo quando os fármacos são administrados por via parenteral. Entre todas as tetraciclinas, a minociclina é uma excepção e é significativamente metabolizada pelo fígado (McDonald *et al.*, 1973). Uma vez que a depuração renal destes fármacos é por filtração glomerular, a sua excreção é significativamente afectada pelo estado da função renal do paciente quando administrada tanto por via oral como intravenosa. Quase 20% a 60% da TC é excretada na urina durante as primeiras 24 h, e 10% a 35% da TC excretada em 30 minutos. A diminuição da função hepática ou obstrução do canal biliar comum reduz a excreção biliar destes agentes, resultando em semi-vidas mais longas e concentrações plasmáticas mais elevadas. Devido à sua circulação enterohepática, as tetraciclinas podem estar presentes no corpo durante muito tempo após a cessação da terapia (Kapusnik-Uner *et al.*, 1996).

As tetraciclinas em doses aumentadas podem também causar um estado catabólico resultando em acidose e azotemia crescente quando administradas a doentes com insuficiência renal crónica (Womola, 1977). A eliminação de DOTC após administração parentérica envolve secreção de drogas no tracto gastrointestinal, onde forma um complexo quelatado inactivo estável que é excretado nas fezes. Nos doentes com disfunção renal, a eliminação das tetraciclinas através do tracto gastrointestinal aumenta (Bartlett *et al.*, 1974).

Toxicidade Intracelular

As tetraciclinas estão associadas a numerosos efeitos adversos, desde reacções de hipersensibilidade a efeitos tóxicos directos. Os efeitos secundários mais comuns destes medicamentos são irritação gastrointestinal, queimadura e angústia epigástrica, desconforto abdominal, náuseas e vómitos. Também foram relatadas esofagites e úlceras esofágicas (Winckler, 1981; Amendola & Spera, 1985) em associação com pancreatite (Elmore & Rogge, 1981).

Lepper *et al.* (1951) demonstraram pela primeira vez a hepatotoxicidade induzida por TC quando a dose intravenosa excede 1-2 g por dia. Em grupos-alvo susceptíveis, a mulher grávida apresenta graves danos hepáticos induzidos por tetraciclina (Schultz *et al.*, 1963; Kunelis *et al.*, 1965), e algumas vezes até mesmo insuficiência renal irreversível (Schultz *et al.*, 1963; Whalley *et al.*, 1964). As alterações patológicas são proporcionais ao grau de insuficiência renal e à dose e duração da administração de TC (Schultz *et al.*, 1963; Whalley *et al.*, 1964). No fígado fetal, ocorre extensa infiltração de gordura vacuolar fina para além de alterações patológicas no pâncreas, rim e cérebro (Whalley *et al.*, 1964; Kunelis *et al.*, 1965).

As linhas de tetracracia são também depositadas em dentes e ossos durante as fases iniciais da calcificação (Kline *et al.*, 1964; Toaff & Ravid, 1966). A ligação das tetraciclinas aos ossos retarda o crescimento ósseo em fetos e crianças pequenas. Também os bebés apresentam um aumento da hipertensão intracraniana com fontanelas salientes no tratamento de TC (Cohlan *et al.*, 1963).

Fotossensibilidade das Tetraciclinas

A fotossensibilidade do TC com luz solar ou irradiação UV está bem documentada (Sandberg *et al.*, 1984; Piette *et al.*, 1986). Todas as tetraciclinas absorvem ao máximo na região próxima dos UV (365 nm) e são submetidas a fotossensibilização. O comprimento de onda eficaz para elicitar a fototoxicidade *in vivo* foi relatado entre 320-425 nm (Schorr & Monash, 1963; Blank et *al.* ,1968). Os derivados de tetraciclina são também degradados por irradiações quase UV e produzem derivados de quinona (Davies *et al,* 1979; Moore *et al,* 1983).

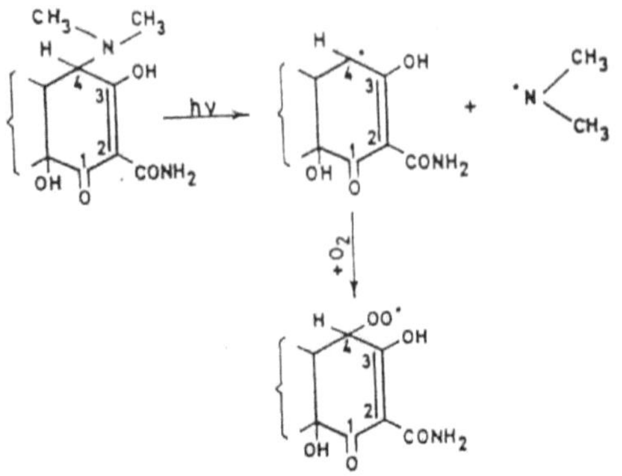

Figura 4. Fotoquímica da tetraciclina (Adaptado de piette *et al.*, 1986).

A análise polarográfica de pulso diferencial (Moore *et al.*, 1983) mostra que o primeiro passo na reacção de fotodegradação da molécula TC é uma perda do grupo dimetilamino situado na posição C-4. A abstracção deste grupo leva à formação de um radical livre na molécula de TC (Finkelstein *et al.*, 1980). A fotodissociação do grupo dimetilamino é rapidamente seguida por uma reacção de O2 formando um radical peróxido na posição C-4 (Figura 4). A decomposição subsequente do tipo Fenton deste radical peróxido leva à produção de radicais hidroxil ('OH) (Davies *et al.*, 1979; Green & Hill, 1984).

Química da Produção Radical Livre

A redução do oxigénio gera intermediários reactivos e radicais livres (Fridovich, 1978; Thornalley & Bannister, 1985). A via habitual para o metabolismo do oxigénio molecular envolve a sua redução completa para H2O2, aceitando quatro electrões (Yu, 1994). Contudo, com uma redução de electrões, vários radicais livres e H2O2 podem ser formados como se discute a seguir

$$O2 + e'' \quad - \longrightarrow \quad O2' \text{ (radicais superóxidos)}$$

$$O2 + H2O \quad \longrightarrow \quad HO2' + OH\text{- (radical hidroperoxil)}$$

$$HO'2 + e\text{- } + H\text{ - } \quad \longrightarrow \quad H2O2 \text{ (peróxido de hidrogénio)}$$

$$H2O2 + e... \quad \longrightarrow \quad 'OH + OH\text{- (radical hidroxil)}$$

Entre as espécies reactivas de oxigénio (ROS), o anião superóxido (O2') é o primeiro intermediário na redução univalente sequencial de O2 que leva à formação de H2O (Florença, 1990; Harris, 1992). O radical aniónico é único, uma vez que pode levar à formação de muitas outras espécies reactivas como "OH, H2O2 e radicais peridroxilo (HO'2)" (Pryor, 1984). O anião O2'- interage com o H2O2 para gerar as moléculas de oxigénio de uma só tonelada. A característica mais importante do O2'- é a sua capacidade de agir como uma base Bronsted. Assim, em meios aquosos, o equilíbrio ácido-base (pKa=4,8) desloca-se para formar um radical hidroperoxil. Num ambiente ácido, o O2'- gera prontamente H2O2. Contudo, a pH neutro ou superior, a dismutação de O2'- é catalisada pela superóxido dismutase (Gregory *et al.*, 1973; Fridovich, 1978). Embora, por definição, o H2O2 não seja considerado um radical livre de oxigénio, permanece no entanto o metabolito de oxigénio mais amplamente estudado (Harris, 1992).

A dismutação de O2'- por superóxido dismutase é uma das principais fontes de H2O2. Por si só, o H2O2 não é suficientemente reactivo para oxidar muitas moléculas orgânicas. Contudo, há provas de que o H2O2 induz danos no ADN (Burdon *et al.*, 1996). É também considerado como um oxidante biologicamente importante, devido à sua capacidade de gerar 'OH altamente reactivo na interacção com metais de transição redox-activos (Aruoma *et al.*, 1991). A importância do H2O2 é, portanto, colocada na iniciação da citotoxicidade radical livre, em vez da sua reactividade química.

O 'OH radical é o oxidante mais potente encontrado nos sistemas biológicos. A importância biológica do 'OH como oxidante foi reconhecida pela primeira vez durante a sua geração com a irradiação de raios X. Contudo, a geração celular de 'OH pode ocorrer por várias vias (Aruoma *et al.*, 1991). As duas reacções biológicas comuns e importantes incluem (1) geração por decomposição de H2O2 através da reacção de Fenton (Fenton, 1894), e (2) interacção de superóxido com H2O2 através da reacção Haber-Weiss (Haber & Weiss, 1934).

$$Fe^{2+} + H_2O_2 \longrightarrow Fe^{3+} + {}^\bullet OH + OH^- \tag{1}$$

$$O_2^{\bullet-} + H_2O_2 \longrightarrow O_2 + H_2O + {}^\bullet OH \tag{2}$$

Estes radicais também podem ser gerados quando as formas reduzidas de iões metálicos de transição como o cobre se combinam com H2O2 (Shi *et al.*, 1994).

$$Cu^+ + H_2O_2 \longrightarrow Cu^{2+} + {}^-OH + OH \tag{3}$$

Devido à sua meia-vida extremamente curta, a capacidade de difusão de - OH é limitada a apenas cerca de dois diâmetros moleculares (Fee & Valentine, 1977). No entanto, reagem prontamente com uma variedade de macromoléculas biológicas (Von Sonntag, 1987; Aruoma & Halliwell, 1991; Dizdaroglu, 1991).

Proteger uma Macromolécula Biológica Alvo

Albumina de soro: Como portadora de ligandos endógenos e exógenos

A albumina sérica está localizada em todos os tecidos e secreções corporais. Cerca de 40% da albumina total é encontrada no plasma circulatório (Peters, 1992) enquanto que os restantes 60% são distribuídos por cerca de metade em vísceras e metade em músculo e pele (Rabilloud *et al.*, 1988). A concentração de albumina no plasma de uma pessoa média é cerca de 35-50 g/l, que diminui ligeiramente com a idade (Cooper & Gardner, 1989) e é mais baixa em recém-nascidos (Cartlidge & Rutter, 1986), e tão baixa como 20 g/l em bebés prematuros (Reading et al., *1990)*. A albumina é produzida pelo fígado a uma taxa de 0,7 mg/g de fígado por hora (Peters, 1985). Aproximadamente 4-5% da albumina é substituída diariamente por síntese hepática (Olufemi *et al.*, 1990). O volume de negócios é a primeira encomenda com uma meia-vida média de 19 dias (Waldmann, 1977).

Funções da albumina de soro

A albumina desempenha muitas funções vitais no corpo enquanto circula no plasma sanguíneo. É a principal responsável pela manutenção do pH do sangue e contribui com ~80% para a pressão sanguínea osmótica coloidal. É o principal reservatório e transportador de ácidos gordos de cadeia longa (Brodersen *et al.*, 1991; Cistola & Small, 1991), acyl coenzyme A esters (Richards et *al.*, 1990) e monoacyl phospholipids (Robinson et *al.*, 1989). Liga-se aos ácidos gordos polinsaturados (Anel *et al.*, 1989) e influencia a estabilidade (Haeggstrom *et al.*, 1983), biossíntese (Heinsohn *et al.*, 1987) e conversão de prostaglandinas (Dieter *et al.*, 1990). Está envolvido no transporte de hormonas da tiróide (Mendel *et al.*, 1990) e triptofano (Herve *et al.*, 1982) através de ligação reversível. Modula a estimulação dos iões de cálcio da gluconeogénese. Também está envolvido no transporte de fosfato piridoxal (Fonda *et al.*, 1991), cisteína e glutationa (Joshi *et al.*, 1987), formando uma ligação covalente com estes ligandos. A albumina é responsável pelo transporte e armazenamento de muitas drogas terapêuticas na corrente sanguínea (Lindup, 1987). As microesferas de albumina são portadores úteis de agentes terapêuticos (Morimoto & Fujimoto, 1985).

Propriedades Físico-Químicas

As propriedades físico-químicas da BSA estão resumidas no Quadro 2. O peso molecular das albuminas é inferior ao da maioria das outras proteínas plasmáticas e varia entre 66.000 e 67.000 (Loo *et al.*, 1991). Em condições neutras de pH, a albumina tem uma razão axial de aproximadamente 2,66 com base nos dados cristalográficos de raios X, o que está de acordo com o valor de 3,0 obtido dos estudos de tempos de relação dieléctrica e birefringência (Moser *et al.*, 1966). A superfície acessível a solventes e o volume molecular são 28, 202 ^{A2} e 88, 249 A3, respectivamente (Richards, 1985). Hidrodinamicamente, BSA mostra um coeficiente de sedimentação, S°20, $_w$ de 4,5 x 10-13 S, coeficiente de difusão, D°20,$_w$ de 5,9 x 10-7 cm2/sec (Wagner & Scheraga, 1956; Squire et *al.*, 1968) e volume específico parcial de 0,733 cc/g (Hunter, 1966). A viscosidade intrínseca da proteína foi medida em 0,041 cc/g (McMillan, 1974). A pH fisiológico, a carga líquida calculada por molécula é de -17 (Peters, 1985). A elevada carga na molécula de proteína é responsável pela sua alta solubilidade em água e uma solução tão concentrada como 30% (p/v) pode ser preparada (Peters, 1985). O coeficiente de absorção específico, E1%1cm a 280 nm foi encontrado em 6,67 (Pace *et al*, 1995).

Quadro 2. Propriedades físico-químicas da albumina de soro bovino

Propriedade	Valor	Referência
Peso molecular	66,411	Peters (1992)
Coeficiente de Sedimentação S°20, $_w$ (S)	4.5 x 10-13	Squire *et al.* (1968)
Coeficiente de Difusão D°20, $_w$ (dcm2/s)	5.9 x 10-7	Wagner & Scheraga (1956)
Volume específico parcial, V20 (cm2/g)	0.733	Caçador (1966)
Viscosidade intrínseca, [q]	0.041	McMillan (1974)
Relação fraccional, f/f0	1.30	Creeth (1952)
Dimensões globais, A	41.6 x 140.9	Wright & Thompson (1975)
Ponto isoeléctrico	4.7	Longsworth & Jacobsen (1949)
E1%1cm a 280 nm	6.67	Pace *et al.* (1995)
Rotação média de resíduos, [m']$_{233}$	8443	Moore & Foster (1968)
a-helix, (%)	68	Reed *et al.* (1975)
B-estrutura, (%)	17	Reed *et al.* (1975)

Composição de Aminoácidos

BSA é uma proteína de cadeia única que contém 583 resíduos de aminoácidos (Peters, 1992). A composição de aminoácidos de BSA é dada no Quadro 3. A proteína contém um número apreciável de meio resíduo de cistina e é rica em resíduos de aminoácidos ácidos, ou seja, ácido aspártico e ácido glutâmico (Brown & Shockley, 1982). É bastante hidrofóbica. BSA não contém qualquer hidrato de carbono ou qualquer outra fracção não proteica. Tem baixos teores de isoleucina, metionina e glicina, e contém apenas dois resíduos de triptofano (Carter & Ho, 1994).

Existem 17 pontes de dissulfureto em albumina e toda a molécula é caracterizada por um arranjo único de loops duplos que se repetem como uma série de trigémeos. Estão dispostas numa série de nove estruturas de loop-link-loop centradas em oito pares sequenciais de Cys-Cys. As conformações dos dissulfuretos são principalmente gauche-gauche-gauche (C31-S1-S2-Ce2) com ângulos de torção agrupados em torno de ± 80° (He & Carter, 1992). A repetição destes loops de forma tripla de grandes-pequenos-grandes pode agrupar estes loops em três domínios homólogos (I, II & III) compreendendo os resíduos 1-190, 191-382 e 383-583 na sequência primária de albumina (Brown, 1977). A homologia da sequência entre estes domínios é de 18-25% (Brown, 1977). A distribuição da carga de BSA em pH neutro para os domínios I, II e III são -11, -7 e +1, respectivamente (Peters, 1996).

Quadro 3. Composição aminoácida da albumina de soro bovino

Aminoácido	Resíduos por toupeira
Ácido aspártico	40
Asparagina	14
Threonine	33
Serine	28
Ácido glutâmico	59
Glutamina	20
Proline	28
Glycine	16
Alanine	47
Cystine/2	34
Cisteína	01
Valine	36
Metionina	04
Isoleucina	14
Leucina	61
Tirosina	20
Fenilalanina	27
Histidina	17
Lysine	59
Tryptophan	02
Arginina	23
Total	**583**
Calculado % Nitrogénio	16.4698
Carga líquida calculada (pH 7,0)	217
Mol. Calculado. Massa (Da)	66411.17

Adaptado de Peters, (1996).

Estrutura do Raio X

A estrutura tridimensional da BSA foi determinada por cristalografia de raios X com uma resolução de 3,2 A (He & Carter, 1992). Cada um dos três domínios homólogos (I, II & III) da albumina é ainda dividido em dois subdomínios 'A' e 'B', respectivamente. Os subdomínios são amplamente interligados por pontes de dissulfureto, que formam a base da ocorrência de 9 loops (3 em cada domínio) em molécula de albumina. A estrutura da albumina é predominantemente a-helical (Jacobsen, 1972; Sjoholm & Ljungstedt, 1973; McLachlan & Walker, 1977). Existem 10 helices principais em cada domínio, h1-h6 para os subdomínios 'A' e h7-h10 para o subdomínio 'B'. Além disso, os seis subdomínios partilham um motivo helicoidal comum, que corresponde aos aminoácidos englobados nos loops duplos de dissulfureto 1, 3, 4, 6, 7 e 9 onde em cada motivo está relacionado por um pseudo eixo duplo (I:168°, II:163°, III:175°) (Carter & Ho, 1994). Existem também diferenças distintas entre os subdomínios 'A' e 'B'. O subdomínio 'A' complementa o pacote de três hélices no lado terminal C com um laço duplo de dissulfureto adicional mas mais pequeno (laços 2, 5 e 8) para formar uma pequena dobra semelhante a uma globina que é amplamente reticulada por quatro pontes de dissulfureto. O subdomínio 'B' complementa o motivo helicoidal do lado N-terminal com um polipéptido conformavelmente alargado para criar uma topologia dobrável que se assemelha muito a um simples feixe helicoidal ascendente e descendente. Os subdomínios 'A' e 'B' montam-se através de interacções de embalagem em hélice hidrofóbica envolvendo principalmente h2, h3 e h8. Além disso, os subdomínios estão ligados entre si por uma suposta extensão flexível de polipeptídeos abrangendo resíduos Lys106-Glu119, Glu292- Val315 e Glu492-Ala511 nos domínios I, II e III, respectivamente. Os domínios I-II e II-III, por sua vez, estão ligados através de extensões de h10(I)-h1(II) e h10(II)-h1(III), respectivamente, criando os dois helices mais longos (Carter & Ho, 1994).

Interacções Albumino-Ligante

Sabe-se que uma variedade de ligandos endógenos e exógenos ligam albumina sérica (Fehske *et al. ,1981;* Kragh-Hansen, 1985; Curry *et al.,* 1998). As propriedades ligantes da albumina foram amplamente estudadas a fim de se obter um entendimento sobre o papel da albumina como veículo para ligandos de importância biológica, bem como sobre a sua estrutura terciária (Lindup, 1987). Sabe-se que uma variedade de substâncias diferentes em estrutura e propriedades químicas ligam a albumina de forma reversível e as suas constantes de associação variam de [101] a [106] M-1 (Peters, 1985; 1992; Kragh-Hansen, 1990; Carter & Ho, 1994). Os ligandos podem ser vistos como endógenos ou exógenos e podem ser catiónicos, neutros ou aniónicos por natureza. Alguns dos ligandos catiónicos conhecidos por ligar albumina são pequenos iões inorgânicos como Ca2+, (Fogh-Andersen, 1977), Cu2+ (Lau *et al* ., 1974), Ni2+ (Callan & Sunderman, 1973) Cd2+, Zn2+ ([Goumakos] et al.., 1991; Bal *et al.,* 1994; Zhou *et al,*

1994), Hg2+ (Sarkar, 1983), Au2+ (Shaw, 1979), Al3+ (Trapp, 1983), etc. Entre as substâncias endógenas, vários ânions orgânicos tais como ácidos gordos de cadeia longa (Brodersen & Ebbesen, 1983; Spector, 1986), bilirrubina (Brodersen, 1979; Tayyab & Qasim, 1987; Mir et al., *1992)* e aminoácidos como o triptofano (Sollene et al., *1981; Zhang* et al., *1993)* são importantes do ponto de vista biológico. Para além destes ligandos, sabe-se também que um grande número de drogas se ligam à albumina através de alguns locais de ligação de alta afinidade e vários locais de afinidade muito inferior, após a sua administração na corrente sanguínea. Estes incluem tetraciclina (Khan *et al.,* 1998), adriamicina (Trynda-Lemiesz & Kozlowski, 1996), indometacina (Hultmark, et *al., 1975*; Trivedi et *al.,* 1999), ibuprofeno (Whitlam *et al.,* 1979), warfarin (Sudlow *et al.,* 1975; Moreno *et al.,* 1999), diazepam (Muller & Wollert, 1979), digitoxina (Fehske et *al.,* 1981), carprofeno (Rahman *et al.,* 1993), ácido salicílico (Taira & Terada, 1985), cefalosporinas (Tawara et *al.,* 1992), diclofenaco (Chamouara et *al.,* 1985) e vários medicamentos anti-cancerígenos, incluindo camptothecin, topotecan (Burke & Mi, 1994) e cisplatina (Neault et al., *1998). Para* além dos ligantes endógenos, bem como vários medicamentos, muitos corantes orgânicos e substâncias indicadoras de pH também se ligam à albumina (Klotz & Ayers, 1953).

A ligação destes ligandos tem sido estudada em maior detalhe a nível molecular por vários trabalhadores (Pedersen *et al.,* 1977; Brodersen, 1978; Sjoholm & Stjerna, 1981; Bree et *al.,* 1993; Yong, 1993). Estes estudos revelaram-se úteis na compreensão do funcionamento da albumina no transporte destes ligandos sob várias condições. Devido ao grande número de ligandos, que se ligam à albumina, é difícil pensar no mesmo número de sítios de ligação na molécula de albumina, e por isso, a ligação foi inicialmente considerada como um processo não específico. Ao longo dos últimos anos, esta visão foi alterada e agora acredita-se que existe um pequeno número de sítios de ligação distintos. Com base nos seus estudos de ligação, Sjoholm *et al.* (1979) propuseram três classes diferentes de sítios de ligação, caracterizados como sítios de ligação de warfarina, diazepam e digitoxina. Embora existam discrepâncias sobre o número exacto de sítios de ligação discretos em albumina, o consenso geral é de dois sítios de ligação para pequenos ácidos carboxílicos heterocíclicos ou aromáticos, dois a três sítios únicos de ligação de ácidos gordos de cadeia longa separados dos sítios de ligação para pequenos compostos aniónicos e dois sítios distintos de ligação metálica, fazendo um total de seis áreas de ligação dominantes na molécula de albumina (Lindup, 1987). Da estrutura tridimensional da albumina, cavidades especializadas em sub-domínios II A e III A foram identificadas como sítios de ligação de pequenos ácidos carboxílicos heterocíclicos e aromáticos (He & Carter, 1992). Ultimamente, Peters

(1996) sugeriu que existem dois grandes sítios específicos de ligação de medicamentos sobre a albumina do soro. Site-I ao qual ligandos como os aniões heterocíclicos volumosos com a carga situada numa posição central da molécula se ligam, e site-II eram geralmente, os ácidos carboxílicos com uma conformação alargada e a carga negativa liga-se eficazmente (He & Carter, 1992; Yamasaki et al., 1996).

A distribuição, metabolismo e eficácia de muitos medicamentos pode ser alterada com base na sua afinidade com a albumina do soro (Carter & Ho, 1994). A ligação percentual de tetraciclina no plasma humano também tem sido extensivamente estudada utilizando ultrafiltração, diálise de equilíbrio e técnicas espectrofotométricas (Green et al., 1976; Zia & Price, 1976). Contudo, os dados comunicados são bastante variáveis, principalmente devido a diferenças na sensibilidade e especificidade dos métodos utilizados para determinar a extensão da ligação (Kunin et al. 1959; Kirby et al., 1962; Bennett et al., 1965). Embora as estruturas cristalinas de alta resolução tenham revelado importantes locais de ligação dos ligandos à albumina sérica (Carter & He, 1992; Yamasaki et al., 1996; Curry et al., 1999), a localização exacta das tetraciclinas ainda é obscura e, por conseguinte, os parâmetros de ligação precisam de ser avaliados.

Danos Proteicos Radicais-Induzidos Gratuitos

As proteínas expostas a radicais de oxigénio apresentam estruturas primárias, secundárias e terciárias alteradas, e podem sofrer fragmentação espontânea e suscetibilidade proteolítica induzida. Do mesmo modo, outros estudos demonstraram que os radicais de oxigénio e outras espécies de oxigénio activado, como o H2O2, podem aumentar a degradação proteica em células intactas e organelas intracelulares, bem como sistemas in vitro (Chin et al., 1982; Levine, 1983; Davies, 1985; Davies et al., 1987; Davies & Delsignore, 1987). As espécies de oxigénio activo também alteram as proteínas celulares, tornando-as mais susceptíveis à degradação por sistemas proteolíticos intracelulares (Davies, 1986; Stadman, 1986; Wolff et al., 1986; Davies, 1987). Radicais livres como 'OH e possíveis intermediários alkoxy (RO') de peroxidação lipídica também foram relatados para fragmentar e reticular proteínas (Schuessler & Schilling, 1984; Wolff et al., 1986). A sensibilidade das proteínas ao ataque de radicais livres de oxigénio está agora bem estabelecida. Na ausência de oxigénio molecular, sabe-se que os radicais OH induzem ligações cruzadas em proteínas, que são frequentemente resistentes à redução, tais como a dityrosina (Halliwell & Gutteridge, 1984). Algumas ligações cruzadas podem também ocorrer na presença de oxigénio sem qualquer fragmentação significativa. A fragmentação proteica por 'OH é um processo selectivo, que gera os fragmentos de comprimento definido (Gutteridge & Wilkins, 1983; Wolff & Dean, 1986). No entanto, o número de fragmentos produzidos varia de proteína para proteína. A fragmentação da proteína numa solução aquosa aumenta alegadamente o número de grupos de amino solúveis (Wolff & Dean, 1986), sugerindo que a clivagem envolve hidrólise da ligação do peptídeo. As proteínas são fragmentadas e modificadas por H2O2 na presença de metais de transição ou quelatos adequados (Gutteridge & Wilkin, 1983; Wolff & Dean, 1986).

Tem havido muito interesse no papel dos radicais livres nas doenças humanas (Slater, 1984; Clark *et al.,* 1985; Sies, 1985). Sabe-se que o O2⁻ e o H2O2 são produzidos em muitos sistemas biológicos, mas estes são relativamente inofensivos uma vez que reagem com biomoléculas a baixas taxas e existem enzimas específicas para as remover. Contudo, na presença de certos iões metálicos, a presença de O2⁻ e H2O2 pode levar à formação dos radicais hidroxil altamente reactivos. Para esta reacção, as células geralmente mantêm os iões metálicos muito firmemente ligados em formas não reactivas (Halliwell & Gutteridge, 1986). Uma proporção importante dos iões de cobre intracelulares também permanecem fortemente ligados à albumina do soro.

Estudos anteriores revelaram que a modificação oxidativa de certas proteínas poderia torná-las mais susceptíveis à hidrólise enzimática por várias proteinases (Fligiel *et al.,* 1984; Wolff & Dean, 1986; Davies, 1987). A degradação das proteínas pode ocorrer através de um mecanismo de dois passos. Em primeiro lugar, a proteína modificada torna-se mais susceptível ao ataque proteolítico e, em segundo lugar, uma protease específica para as proteínas modificadas catalisa a degradação proteolítica real (Levine *et al.,* 1981; Toyo-Oka, 1982; Lev *et al.,* 1994). Em muitos casos, a exposição de proteínas a radicais de oxigénio, tanto *in vivo* como *in vitro,* leva a uma maior exposição de superfícies hidrofóbicas (Wolff *et al.,* 1986; Davies, 1987), o que pode levar a uma agregação subsequente e a uma maior susceptibilidade à proteólise (Davies, 1987; Stadman, 1992). Alterações conformacionais podem também estar envolvidas neste processo (Amado *et al.,* 1984). Foi relatado que cerca de dois eventos radicais por molécula de BSA, suficientes para causar alterações conformacionais detectáveis nos espectros de fluorescência, e aumento da susceptibilidade às proteinases (Wolff *et al.,* 1986).

ADN a Macromolécula Biológica Alvo

Interacções DNA-Ligand

O ADN como portador de informação genética é um alvo importante para as interacções medicamentosas, uma vez que as drogas ligadas podem interferir com a expressão genética, replicação de ADN, crescimento e divisão celular. Os ligandos aromáticos interagem com a dupla hélice do ADN por intercalação entre bases empilhadas, e ligação a ranhuras menores. Os intercaladores ligam-se inserindo um cromóforo aromático planar entre pares de bases de ADN adjacentes, enquanto que os ligantes de ranhuras encaixam no ranhura menor de ADN causando perturbação da estrutura do ADN (Chaires, 1998). As provas disponíveis indicam que os antibióticos tais como daunomicina (Pigram *et al.*, 1972; DiMarco *et al.*, 1975), análogos de antraciclina *viz* adriamycina, carminomicina, pirromicina, musettamicina, marcellomicina e aclacinomicina (Zunino *et al.*, 1972; Pachter *et al.*, 1982) ligam-se ao ADN quer através da intercalação de porção de hidroxiquinona de drogas e/ou por interacções electrostáticas. Pensa-se que a intercalação de cromóforos hidrofóbicos entre pares de bases de ADN adjacentes seja o modo predominante de interacção antraciclino-ADN e tem sido amplamente estudada (Pigram *et al.*, 1972; Gabbay *et al.*, 1976). Contudo, a ligação electrostática, que é um modo de ligação mais fraco do que a intercalação, consiste numa interacção iónica entre o grupo de aminoácidos no aminoácido antraciclina e os fosfatos na espinha dorsal do ADN (Pigram *et al.*, 1972; Zunino *et al.*, 1972; Gabbay *et al.*, 1976; Patel & Canuel, 1978). Alguns medicamentos, incluindo mitomicina C, cisplatina e adriamicina interferem com a função do ADN modificando quimicamente nucleótidos específicos. De facto, a mitomicina C é um antitumoral bem caracterizado, que forma uma interacção covalente com o ADN após activação redutora. O antibiótico activado forma uma estrutura de ligação cruzada entre bases de guanina em filamentos adjacentes de ADN, inibindo assim a formação de filamentos únicos.

O antibiótico anthramycin é um agente antitumoral, que se liga covalentemente à N-2 da guanina localizada na ranhura menor do ADN. Tem uma preferência de sequências de purina-G-purina com ligação ao G médio. Da mesma forma, a cisplatina é um complexo *cis-diamina-dicloroplatina de* metal de transição e clinicamente utilizado como medicamento anticancerígeno. O efeito desta droga deve-se à capacidade de platinar a N-7 da guanina no principal local de sulco da dupla hélice do ADN. Esta modificação química faz a ligação cruzada de duas guaninas adjacentes na mesma cadeia de ADN interferindo com a mobilidade das polimerases do ADN.

O ADN é um polianion de carga negativa que atrai iões contrários, ou seja, iões Na+, Ca++ e

Mg++ com carga positiva, assim como resíduos básicos de proteínas. A presença de pequenos iões contrários afecta a ligação do fármaco. Uma vez que os iões contrários protegem e protegem a superfície da espinha dorsal negativa, os ligandos não-electrolitos, bem como os carregados positivamente, interagem mais fortemente com o alvo de ADN. A elevada força iónica, contudo, reduz a interacção não-vigalente mediada por ligações de hidrogénio e interacções electrostáticas. A interacção do ADN com catiões, aminoácidos e nucleótidos torna-se uma questão de interesse devido às implicações no funcionamento biológico do ADN. A ligação de vários corantes, drogas e antibióticos ao ADN e cromatina contribuiu para uma compreensão da estrutura destas macromoléculas (Muller & Clothers, 1968; Angererer et *al.*, 1974; Wartell et *al.*, 1975; Lawrence & Daune, 1976; Paoletti et al., *1977)* e sugeriram possíveis mecanismos da actividade biológica de algumas drogas (Goldberg et al., *1977).*

Danos de DNA induzidos por radicais livres

A química dos danos no DNA por vários ROS/RNS tem sido bem caracterizada *in vitro* (von Sonntag, 1987; Dizdaroglu, 1993; Termini, 2000; Jung & Surh, 2001; Srinivasan et *al.*, 2001). As espécies ROS e azoto reactivo (RNS) incluem os radicais hidroxil ('OH), oxigénio mono-t ($1O_2$), peroxil (RO2') e radicais alkoxil (RO'), ozono (O3), ácido nitroso (HNO2) e peroxinitrito (ONOO') e os seus produtos de decomposição. O óxido nítrico (NO') e os seus produtos (NO'2, ONOO-, N2O3, etc.) resultam na nitrosação e desaminação de grupos de amino sobre bases de ADN, levando a mutações pontuais (Arroyo *et al.*, 1992; Routledge *et al.*, 1994). Contudo, o O2'- e o H2O2 não reagem de todo com bases de ADN (Lesko *et al.*, 1980; Brawn & Fridovich, 1981; Rowley & Halliwell, 1983). De facto, grande parte da toxicidade do O2'- e H2O2 *in vivo* surge pela sua conversão dependente de iões metálicos em 'OH altamente reactivos e/ou outros oxidantes poderosos (Halliwell & Gutteridge, 1988; Nassi-Calo et *al.*, 1989). O radical Hydroxyl produz um grande número de produtos de base e derivados de açúcar no ADN, bem como ligações cruzadas ADN-proteína (DPCs) (von Sonntag, 1987; Dizdaroglu, 1986; Teoule, 1987; Oleinick *et al.*, 1987).

As reacções de - OH, $_{eaq}$ ⁻ e do átomo H com bases de ADN caracterizam-se pela adição às ligações duplas destas moléculas para dar radicais de adutos de bases. A abstracção do átomo H por -OH do grupo metilo da timina também ocorre alegadamente (Hazra & Steenken, 1983; Steenken, 1989). Na presença de oxigénio, os radicais pirimidina adicionam oxigénio para dar os radicais peroxilo correspondentes. Pelo contrário, as provas indicam que a maioria dos radicais purínicos não reage com oxigénio (Steenken, 1989; Isildar *et al.*, 1982). As reacções subsequentes dos radicais de base levam a uma variedade de produtos de cada uma das bases de ADN (von Sonntag, 1987, Dizdaroglu, 1986, Teoule, 1987).

O radical Hydroxyl também reage com a fracção de açúcar através da abstracção de um átomo H que conduz aos radicais do açúcar (von Sonntag, 1987). Reacções dos radicais do açúcar levam à libertação de bases intactas, alterações da fracção de açúcar, e quebras de cordões (von Sonntag, 1987; Dizdaroglu *et al.*, 1977; Beesk *et al.*, 1979). Os açúcares alterados são libertados ou permanecem na espinha dorsal do ADN. Alguns dos açúcares alterados, que permanecem na espinha dorsal do ADN, constituem os chamados locais alcalinos (Mee & Adelstein, 1981, Oleinick et *al,* 1987, Lesko et *al,* 1982).

O alvo primário ou o mais susceptível dos radicais livres *in vivo* é o ADN.
Tanto o ROS como o RNS mediaram danos 'espontâneos' de ADN que contribuem para a tumorigenese e o desenvolvimento do cancro. Vários ROS/RNS têm o potencial de contribuir para o desenvolvimento do cancro, uma vez que podem causar alterações estruturais no ADN, por exemplo, mutações de pares de bases, rearranjos, supressões, inserções e amplificação de sequências (Zimmerman & Cerutti, 1984; Weitzman et *al., 1985*). Recentemente, a exposição crónica de hepatócitos a espécies reactivas de azoto na sequência de lesões e inflamações hepáticas tem sido relatada como causadora de alterações funcionais e morfológicas no fígado, levando a doenças hepáticas degenerativas e carcinoma hepatocelular (D' Ambrosio *et al.*, 1997; 2001).

Lesões induzidas por produtos químicos no ADN:

Alquilação

Os compostos que transferem resíduos alquílicos para o ADN incluem as nitrosaminas, epóxidos alifáticos, aflatoxinas, lactonas, nitrosoureas, mostardas, haloalalcanos e triazenos alquílicos. A acção dos agentes alquilantes sobre o ADN é complexa. Estes são de natureza electrofílica e reagem com centros nucleofílicos, particularmente na posição N-7 da guanina. Na sua maioria, os átomos de azoto anelar e os átomos exocíclicos de oxigénio são alvos de alquilação, sendo a posição-7 da guanina o local mais preferido (Figura 5). No entanto, os grupos de amino exóciclos não são efectivamente visados pelos agentes alquilantes. A ordem de reactividade dos diferentes centros nucleófilos é N7-G>>N3- A>N1-A=N3-G=O6-G (Friedberg, 1985). Os agentes alquilantes exercem uma variedade de efeitos biológicos, incluindo mutagénese e carcinogénese (Lawley & Brookes, 1961; Singer & Kusmievek, 1982). Foram feitos estudos extensivos sobre danos por alquilação no ADN e sua reparação (Gibson-D'Ambrosio *et al.*, 1983; Wani & D'Ambrosio, 1986, 1987; D'Ambrosio et *al., 1990*; Wani, et *al.*, 1990)

Figura 5. Potenciais locais de alquilação em bases de ADN (Adaptado de Dipple, 1995).

Os agentes alquilantes individuais distribuem-se pelos locais alvo, como resumido na Figura 5. Sugere-se que as propriedades mutagénicas dos agentes alquilantes foram atribuídas às suas capacidades de alquilação no oxigénio exocíclico dos resíduos de guanina (Loveless, 1969). Também a alquilação a oxigénio exocíclico de resíduos de timina é importante na mutagénese (Singer & Essigmann, 1991). Em geral, parece que os agentes alquilantes que não são particularmente iónicos na natureza estão mais localizados nos átomos de azoto do anel, enquanto os que têm carácter iónico mostram maiores preferências pela reacção nos átomos de oxigénio no ADN (Moschel *et al.*, 1979;

Lawley, 1984). Outra complexidade da química da alquilação é que os produtos anulares substituídos por azoto são todos instáveis e, portanto, os efeitos biológicos podem ser influenciados por transformações químicas secundárias à alquilação inicial do ADN. Exemplos de tal instabilidade são a depuração bastante fácil e a abertura do anel imidazol de resíduos de desoxiganosina 7-substituídos e a depuração de 3 e 7-alquadenosinas (Lawley, 1966). Foi estabelecido que a alquilação das purinas no ADN leva à sua separação hidrolítica da macromolécula em pH neutro, indicando o primeiro passo na degradação do ADN alquilado. A fissão da ligação glicosil deixa um resíduo de desoxirribose instável que se esperaria hidrolisar pelo processo de eliminação do ácido catalisado B (Brown & Todd, 1955), resultando na clivagem da cadeia macromolecular. A formação de éster cíclico de fosfato, por outro lado, com o grupo OH vicinal também está prevista como levando à quebra da cadeia. Estudos de sedimentação alcalina de sacarose também demonstraram a indução de quebras de cordão único mais ligações alcalinas labiais pelo agente alquilante N-nitrosourea em tecidos de ratos *in vivo* (Su, *et al.*, 1983)

Arylamination

Um grupo heterogéneo de carcinogéneos, incluindo as aminas e amidas aromáticas, os corantes aminoazo, os nitroaromáticos e as aminas aromáticas heterocíclicas encontradas em quantidades vestigiais em peixes e carnes cozidos, transferem um resíduo de arilaminas para o ADN. O local de substituição do nucleósido varia substancialmente e forma um padrão muito diferente do exibido pelos agentes alquilantes (Figura 6). Claramente, o átomo C-8 e os grupos aminados dos nucleosídeos puros, particularmente de desoxiganosina, são os principais alvos dos agentes arilaminantes. Estes locais não são afectados pelos agentes alquilantes. Estudos anteriores sugeriram que os aductos aromáticos de amina formados em C-8 de desoxiguanosina surgem de um precursor de desoxiguanosina 7-substituído, indicando que uma reactividade para a posição 7 de resíduos de desoxiguanosina pode ser comum tanto aos agentes alquilantes como aos arilaminantes (Humphreys *et al.*, 1992). Um aduto no qual foi caracterizado o azoto de uma amina aromática ligada à posição N-7 de um derivado de 8- metilguanina. Embora os produtos de arilaminação do ADN sejam relatados como mais estáveis do que os produtos de alquilação, alguns aductos de desoxiguanosina substituídos por C-8 sofrem mais frequentemente a abertura do anel de 8,9-purina (Kadlubar, 1994).

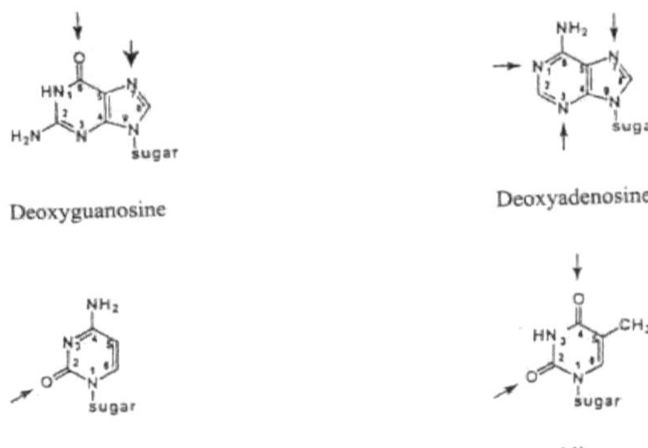

Figura 6. Sítios de substituição de bases de ADN por agentes arilaminantes (Adaptado de Dipple, 1995).

Aralquilação

Os compostos que transferem um grupo aralkyl para o ADN incluem os alcalóides de pirrolizidina, os alcalinil benzenos, o grande grupo de hidrocarbonetos aromáticos policíclicos e os nitroaromáticos que são activados através do mecanismo do epóxido de dihidrodiol. Os alquenil benzenos reagem com ADN de uma forma que não é diferente das reacções dos agentes arilaminantes. Assim, o 1' -acetoxisafrolo reage com ADN através da formação de aductos no grupo amino de resíduos de desoxiganosina e o produto também é formado na posição C-8. O aumento da ionização ácida da deoxiganosina 7-alquil a pH 7,0, em comparação com a menor extensão da ionização da desoxiganosina, poderia aumentar a probabilidade de emparelhamento anómalo da base entre a guanina alquilada no ADN e a timina (Lawley & Brookes, 1961).

A modificação de bases ou perda de bases alquiladas do ADN é uma causa potencial de mutagénese. A base eliminada como resultado da alquilação poderia ser guanina após a sua alquilação em N-7, ou adenina após a sua alquilação em N-3. A perda da última ocorre mais rapidamente após a alquilação, mas pode ser menor em toda a extensão. Pode esperar-se que um grande número de apagamentos de base de uma molécula de ADN acabe por levar à fissão da molécula. Parece, portanto, possível que a eliminação purina seja mais susceptível de ser um processo letal do que a alquilação inicial e, consequentemente, a expressão biológica desta última seja mais susceptível de ser mutagénica.

CAPÍTULO II: METODOLOGIA GERAL

1.1 Medições de pH

As medições de pH foram efectuadas num medidor digital de pH Elico, modelo LI 610 utilizando um eléctrodo combinado (Tipo CL-51). A contagem mínima do medidor de pH foi de 0,01 unidade de pH. O medidor de pH foi rotineiramente calibrado à temperatura ambiente com tampões padrão de pH 4,0, 7,0 e 9,2.

12. Determinação da concentração de proteínas

A concentração de proteínas foi determinada espectrofotometricamente ou pelo método de Lowry *et al.* (1951) utilizando BSA como padrão.

(a) Método espectrofotométrico

A concentração de proteínas foi determinada após medição da absorvância a 280 nm num espectrofotómetro de duplo feixe Cecil, modelo CE 594, e utilizando o valor do coeficiente de extinção específico (E1%1cm) como 6,67 para BSA (Pace *et al*, 1995)

(b) Método de Lowry et al. (1951)

Volumes crescentes de solução de proteína de reserva (500 pg/ml) na gama de 0,1-1,0 ml foram tomados em diferentes tubos de ensaio e o volume em cada tubo foi feito para 1,0 ml com tampão de fosfato de sódio 60 mM, pH 7,0. Depois, foram adicionados 5,0 ml de reagente de cobre recentemente preparado a todos os tubos e o conteúdo foi bem misturado. Após 10 minutos de incubação à temperatura ambiente, foram adicionados 1,0 ml de reagente de Folina-fenol diluído e vortexado. Os tubos foram incubados durante 30 min à temperatura ambiente e a intensidade da cor foi lida a 700 nm contra um branco de reagente. Uma curva de calibração, assim obtida, entre a absorvância a 700 nm e a quantidade de proteína produziu a seguinte equação em linha recta (Figura 7).

$$\text{(Absorvância)}_{700\text{ nm}} = 1,4 \times 10^{-3}\ (\text{concentração de proteínas, pg/ml}) + 0,05$$

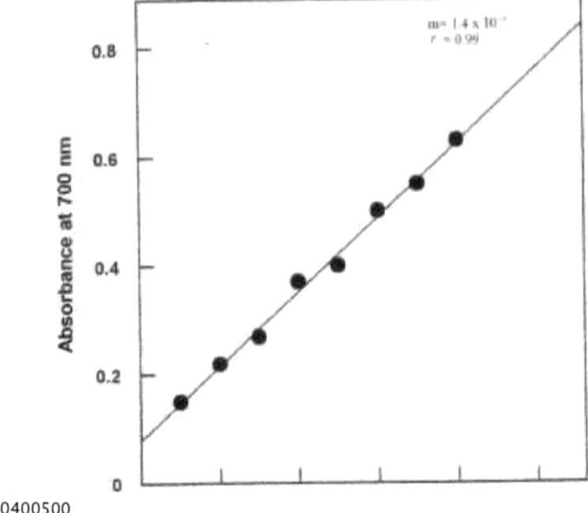

Figura 7. Curva de calibração para a estimativa da concentração de proteínas pelo método de Lowry et al., (1951) usando BSA como padrão.

1.3 Análise Quantitativa de Grupos de Amino Livre em Solução

A curva de calibração da glicina foi obtida utilizando reagente TNBS de acordo com o método de Snyder & Sobocinski (1975). Concentrações crescentes de solução de glicina na gama de 0-750 pM foram tomadas em diferentes tubos de ensaio, num volume total de 1,0 ml. A esta solução, foram adicionados 1 ml de NaHCOs 4% cada e 0,1% de TNBS. A mistura de reacção foi incubada a 37°C durante 2 h. Posteriormente, foi adicionado 1 ml de SDS a 10% para solubilizar os aminoácidos agregados. A precipitação, se existente, foi evitada com a adição de 0,5 ml de HCl 1N. A absorvância da solução foi lida a 335 nm contra um branco reagente e traçada em função da concentração de glicina (figura 8).

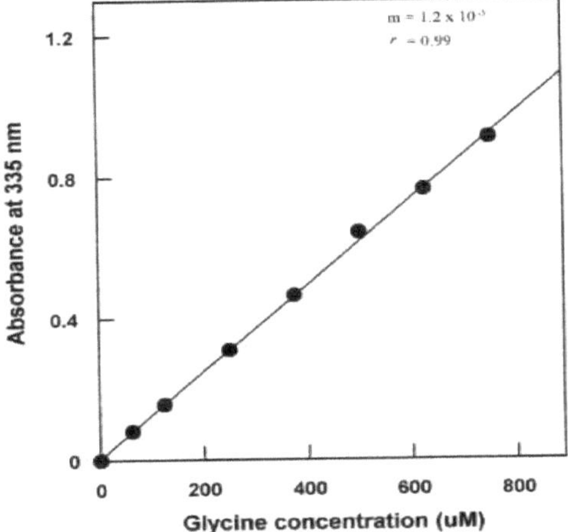

Figura 8. Curva de calibração para a estimativa de aminoácidos livres (glicina) pelo método de Snyder e Sobocinski (1975).

1.4 Análise Quantitativa de Grupos Carbonílicos em Solução

Os grupos carbonilo foram estimados usando reagente de 2,4-dinitrofenil-hidrazina seguindo o procedimento de Lappin e Clark (1951). Concentrações crescentes de solução de reserva de acetofenona (10 mM) na gama de 50-500 uM foram tomadas em diferentes tubos de ensaio, num volume total de 1,0 ml. Foram adicionados 1,0 ml de reagente de 2,4-dinitrofenil-hidrazina (uma solução saturada preparada em metanol sem carbonilo) e uma gota de ácido clorídrico concentrado. Os tubos foram frouxamente rompidos e aquecidos em banho-maria a 100°C durante 5 min. Após arrefecimento, foram adicionados 5,0 ml da solução de hidróxido de potássio. Ocorreu uma rápida transformação da cor de uma solução preta para a cor vermelha característica do vinho. Um reagente em branco utilizando 1,0 ml de metanol livre de carbonilo foi executado simultaneamente. A absorvância da solução foi lida a 480 nm utilizando o espectrofotómetro CE-594. Foi traçada uma curva de calibração (Figura 9) entre a absorvância a 480 nm e a concentração de acetofenona (grupos carbonilo).

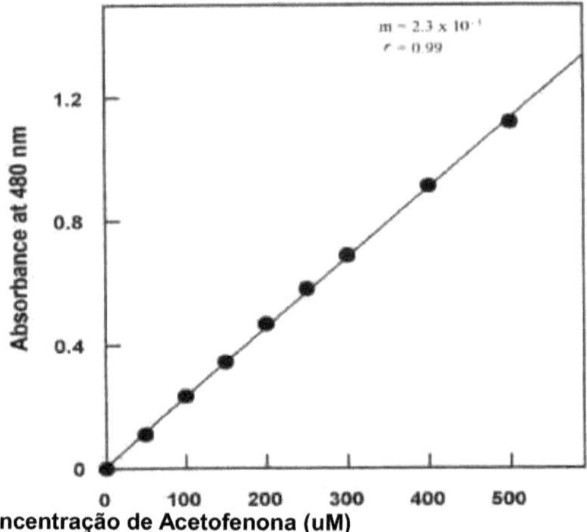

Figura 9. Curva de calibração para a estimativa de grupos carbonilo pelo método de Lappin e Clark (1951).

1.5 Análise Quantitativa do ADN em Solução

A estimativa espectrofotométrica do ADN foi realizada de acordo com o método de Schneider (1957), utilizando reagente de difenilamina.

(a) Reagente Difenilamina

1,0 grama de difenilamina foi pesada com precisão e dissolvida em 100 ml de ácido acético glacial. A estes 2,75 ml de ácido sulfúrico concentrado foram adicionados e misturados cuidadosamente. O reagente de difenilamina foi preparado fresco na altura da experiência.

(b) Procedimento de ensaio

Quantidades variáveis de ADN de reserva (500 pg/ml) num volume constante de 1,0 ml foram misturadas com 2,0 ml de reagente de difenilamina e aquecidas durante 20 min num banho de água a ferver. A absorvância da cor azul desenvolvida foi lida a 600 nm e foi traçada uma curva de calibração (Figura 10).

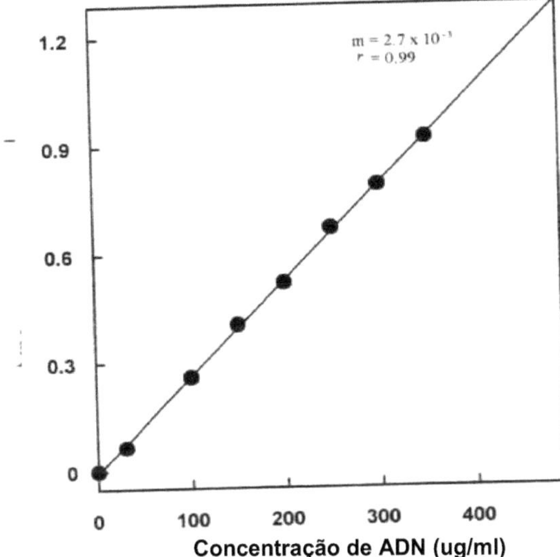

Figura 10. Curva de calibração para a estimativa do DNA do timo de vitelo pelo método de Schneider (1957).

CAPÍTULO III: AS TETRACICLINAS LIGAM-SE COM A ALBUMINA DE SORO

1. Introdução

A tetraciclina (TC) e seus derivados, incluindo 5a-hidroxitetraciclina (OTC), 6a-deoxi-5a-hidroxitetraciclina (DOTC), 6-dimetil-7-clorotetraciclina (DMTC), e 7- clorotetraciclina (CTC) são conhecidos pelas suas propriedades fotoreactivas (Orentreich *et al.,* 1961; Cullen *et al.* ,1966; Blank *et al.* ,1968; Frost *et al.* , 1972; Hasan *et al.* , 1984). A fotossensibilidade e fototoxicidade (Frost *et al.,* 1971; Epstein *et al.,* 1976) destes medicamentos farmacológicos manifestam-se como lesões cutâneas (Cullen *et al.* ,1966), onicólise (Orentreich *et al.,* 1961), erupções papulares (Frost *et al.,* 1971) e formação de células gigantes multinucleadas (Zuehlke, 1973). Estes medicamentos após ingestão são solubilizados em tripas e transportados para os locais alvo através do sangue, ligados a proteínas séricas. A albumina sérica, uma das proteínas transportadoras mais abundantes, desempenha um papel importante no transporte e deposição de variedade de ligandos endógenos e exógenos no sangue (Sudlow *et al,* 1975; Jusko & Gretch, 1976; Muller & Wollert, 1979; Vallner, 1977; Fehske et al., *1981; Kragh-Hansen,* 1981; He & Carter, 1992; Carter & Ho, 1994). De facto, existem dois grandes sítios específicos de ligação a medicamentos (sítio I e -II) sobre albumina sérica (Sudlow *et al.,* 1975; 1976). No entanto, as estruturas cristalinas de alta resolução revelaram os principais locais de ligação dos ligandos na albumina do soro (He & Carter, 1992; Yamasaki et *al.,* 1996; Curry et *al.,* 1999), a localização exacta de muitos ligandos é ainda obscura. Desde que a distribuição global (Kunnin, 1965; Merrikin, 1983), metabolismo e eficácia (Tompsett *et al.,* 1947; Shyu *et al.,* 1988) de muitos medicamentos no corpo estão correlacionados com as suas afinidades em relação à albumina sérica, a investigação de fármacos no que diz respeito à ligação entre albumina e medicamentos é imperativa e de importância fundamental.

Vários medicamentos farmacêuticos, incluindo alguns antibióticos, *como a* penicilina, cefoxitina, cefazolina, cefalosporinas, foram reportados como ligando-se reversivelmente com albumina sérica em diferentes extensões, dependendo dos seus grupos funcionais de cadeia lateral (Keen, 1966; Bakker-Woudenberg *et al.,* 1985; Nouda *et al.,* 1986; Tawara *et al.,* 1992). Além disso, a ligação percentual de tetraciclina no plasma humano tem sido extensivamente estudada usando ultrafiltração, diálise de equilíbrio e técnicas espectrofotométricas (Bennett *et al.,* 1965; Green *et al.,* 1976; Zia & Price, 1976). Contudo, os dados comunicados anteriormente são inconsistentes principalmente devido a diferenças na sensibilidade e especificidade dos métodos utilizados para determinar o grau de ligação (Green *et al.,* 1976; Bakker- Woudenberg *et al.,* 1985; Tawara *et al.,* 1992). Além disso, existem relatórios contraditórios na literatura sobre o papel de alguns iões metálicos divalentes na ligação de tetraciclinas com macromoléculas biológicas (Kohn, 1961; Popov *et al.*, 1972; Zia & Price, 1976).

A ligação quantitativa da tetraciclina e seus derivados com albumina sérica e as alterações estruturais resultantes na proteína transportadora são raramente relatadas. Isto levou-nos a investigar a (i) extensão e natureza das interacções das tetraciclinas com a albumina sérica (ii) constante de ligação (K_a) e capacidade (n) da albumina sérica para as tetraciclinas, (iii) influência dos iões metálicos nas interacções droga-albumina, e (iv) alterações conformacionais induzidas por drogas na proteína, utilizando técnicas sensíveis como a espectroscopia de fluorescência e o dicroísmo circular. De facto, é necessária uma melhor compreensão dos importantes parâmetros de ligação que influenciam o transporte, metabolismo, eliminação, biodisponibilidade e toxicidade destes fármacos no organismo. A este respeito, o conhecimento das características de ligação da albumina sérica para as tetraciclinas na presença e/ou ausência de iões metálicos fornecerá provas úteis para estabelecer uma correlação previsível entre a distribuição, estabilidade, comportamento farmacocinético e fototóxico dos fármacos.

2. Métodos

2.1. Medidas de Fluorescência

As medições de fluorescência foram feitas num espectrofluorómetro Shimadzu, (modelo RF-540) equipado com um gravador de dados DR-3. Os espectros de fluorescência foram medidos a uma concentração de proteína de 6,0 LIM com uma célula de 1 cm de comprimento de percurso. As fendas de excitação e emissão foram colocadas a 10 nm cada. Os espectros foram registados na gama de 300-400 nm e o comprimento de onda de excitação foi fixado em 280 nm. Todas as soluções de stock foram filtradas através de ().45Lim Millipore filtros antes da mistura, para minimizar o efeito de filtro interno (Chignell, 1972).

2.2. Análise de dados vinculativos

As afinidades ligantes das tetraciclinas com albumina sérica foram determinadas de acordo com o método de Levine (1977). Em resumo, a uma concentração fixa (6,0 LIM) de solução proteica foram adicionadas quantidades variáveis de tetraciclinas para obter os rácios molares desejados. O volume final em cada caso foi ajustado a 5 ml com 10 mM de tampão Tris-HCl, pH 8,0. Os valores de intensidade de fluorescência nos máximos de emissão (340 nm) foram utilizados para calcular a fluorescência relativa, considerando a intensidade de fluorescência da proteína de controlo não tratada como 100. A análise menos quadrada dos pontos lineares iniciais de fluorescência relativa versus razão molar fármaco/albumina foi utilizada para determinar a intensidade máxima de têmpera, m (declive da parcela) da seguinte equação [F = F_o -mR]; onde, F é a intensidade de fluorescência na razão fármaco/albumina (R) e F_o é a intensidade de fluorescência da proteína na concentração zero do fármaco. Usando os pontos de dados que exibem desvio do comportamento em linha recta, o supressor fraccionário, Q, foi determinado em cada relação molar fármaco/albumina (R). Para uma intensidade de fluorescência F observada, o valor de Q foi obtido a partir da equação [Q = F_o - F/resfriamento máximo (m)]. O arrefecimento fraccionário (Q), está linearmente relacionado com a ligação do fármaco: [Albumina]/[Albumina]$_T$ = Q, onde, a [Albumina]$_T$ representa a concentração total de albumina. A afinidade de ligação (K_a) e a capacidade de ligação (n) foram determinadas a partir da inclinação e intercepção no eixo X da linha recta na parcela Scatchard Q vs Q /(R- Q)[Albumina]$_T$ (Levine, 1977). Para determinar o efeito dos iões metálicos na ligação de tetraciclinas-BSA, BSA (6LlM) foi tratado separadamente com tetraciclinas (10 LlM) na presença de iões metálicos (20 LlM). A intensidade de fluorescência de BSA só foi de 80,4, medida no comprimento de onda de excitação e emissão de 280 nm e 340 nm, respectivamente.

2.3. Determinação da especificidade do local de encadernação Tetracycline Binding on Albumin usando Marker Ligands

Os supostos sítios de ligação da tetraciclina e o seu derivado na molécula de albumina foram identificados utilizando os ligandos marcadores tais como bilirrubina e diazepam específicos para o sítio I e o sítio II, respectivamente. Neste estudo, as tetraciclinas foram utilizadas como sondas de fluorescência e as alterações na intensidade de fluorescência do TC ligado à proteína foram monitorizadas a 525 nm após excitação a 390 nm, após adição de quantidades equimolares de ligandos marcadores. A redução percentual da intensidade de fluorescência na ligação dos ligantes marcadores foi calculada considerando a intensidade de fluorescência do complexo de TC-albumina a 100% e a ligação percentual de TC em sítios específicos sobre proteínas.

2.4. Medidas do Dicroísmo Circular (CD)

As medições em CD foram efectuadas num espectrómetro Jasco, modelo J-720. O instrumento foi calibrado com ácido d-10-camphorsulphonic. Todas as medições em CD foram realizadas a 25°C com um suporte de célula controlado termostaticamente ligado a um banho de água NESLAB RTE - 110 (NESLAB Instruments, Inc. USA) com uma precisão de ± 0,1°C. Os espectros foram recolhidos a uma velocidade de varrimento de 20 nm por minuto com um tempo de resposta de 1 segundo. Cada espectro foi a média de 4 varreduras. Espectros de CD Far-UV (200-250 nm) foram colhidos a uma concentração de proteínas de 2,4 LIM com uma célula de 1mm de comprimento de percurso. As amostras de proteína para medições de CD foram filtradas através de um filtro Millipore (0,45qM) para remover qualquer material em suspensão. Os resultados foram expressos como elipticidade média de resíduos (MRE) em deg.cm2.dmol-1, que é definida como [MRE = 0

obs (mdeg)/10 x n x 1 x Cp]. O 0obs representa a elipticidade em mil graus, n é o número de resíduos de aminoácidos (583), 1 é o comprimento do percurso da célula em cm e Cp é a fracção molar. O conteúdo a- helicoidal de BSA foi calculado a partir do valor MRE a 222 nm usando a equação % hélice = [(MRE222 -2340)/30300] x 100 como descrito por Chen *et al.* (1972).

3. Resultados

3.1. Ligação Quantitativa de Tetraciclinas com Albumina de Soro

As interacções das tetraciclinas com a albumina foram analisadas medindo as alterações na fluorescência intrínseca da albumina sérica em diferentes rácios molares droga/proteína. As figuras 11 mostram os espectros de emissão de fluorescência do complexo albumínico-droga a 300-400 nm na gama de rácios molares de 0-4 molares proteína-droga.

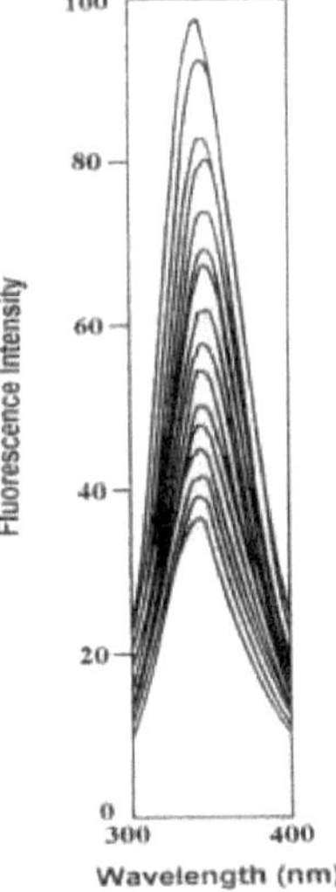

Figura 11. Espectros de emissão de BSA na ausência (curva mais alta) e presença de quantidades

crescentes de TC. Os espectros foram obtidos em tampão Tris-HCl 0,01 M, pH 8,0, $I=0,15$ a 28oC. Os rácios molares de TC para BSA foram de 0,0 - 4,0 (de cima para baixo).

As intensidades relativas de fluorescência de BSA a diferentes rácios molares droga/proteína foram determinadas a partir dos espectros das tetraciclinas e traçadas em função do rácio molar [droga]/[albumina]. As isotermas de ligação e as parcelas Scatchard correspondentes de Q/[droga] x 10-5 vs Q para a tetraciclina e seus derivados são mostradas nas Figuras 12 e 13 (A a D). As isotermas de ligação exibem a concentração do fármaco dependente do têmpera da fluorescência intrínseca da proteína. A percentagem total de têmpera para TC, OTC, DOTC, DMTC e CTC, foi determinada em 61,2%, 54,0%, 55,5%, 66,7% e 69,5%, respectivamente, nos rácios molares mais elevados. A inclinação e intercepção da linha recta obtida na parcela Q/[droga] x 10-5 vs Q forneceu a constante de ligação (K_a) e a capacidade de ligação (n) da albumina para diferentes tetraciclinas. Os parâmetros de ligação comparativos estimados da tetraciclina e seus derivados são apresentados no Quadro 4. Entre as tetraciclinas, TC foi encontrada a mais forte afinidade de ligação (K_a = 4,6 x 106 litros/mês) seguida pelos valores K_a de 3,4 x 106, 2,1 x 106, 1,3 x 106 e 0,95 x 106 litros/mês para derivados DOTC, OTC, DMTC e CTC, respectivamente. Do mesmo modo, os valores da capacidade de ligação (n) da albumina para TC, DOTC, OTC, DMTC e CTC foram determinados como 3,6, 1,3, 2,1, 3,4 e 2,9, respectivamente. A afinidade diferencial de ligação da albumina com a tetraciclina e seus derivados foi determinada pela ordem TC>DOTC >OTC >DMTC >CTC (Khan, et al, 2002).

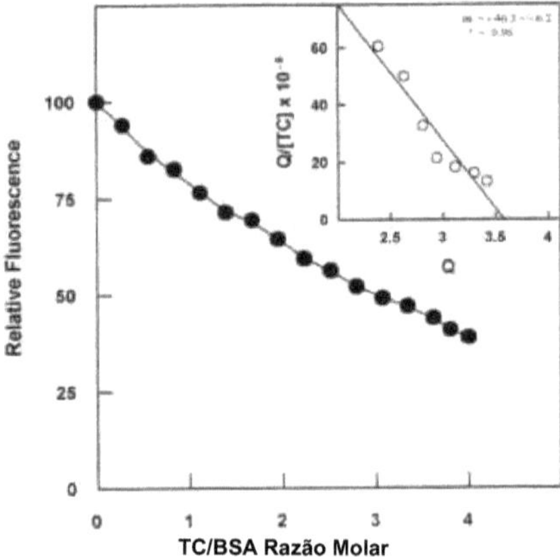

Figura 12. Isoterma de ligação tetraciclinaalbumina mostrando a relação entre a fluorescência relativa e

a razão molar no intervalo de 0 a 4. O inset mostra o gráfico Scatchard para a ligação da tetraciclina à BSA. Os valores para Q/[TC] x 10-5 e Q foram obtidos utilizando o derivação matemática tal como descrita nos métodos e traçada de acordo com o método de
Levine (1977).

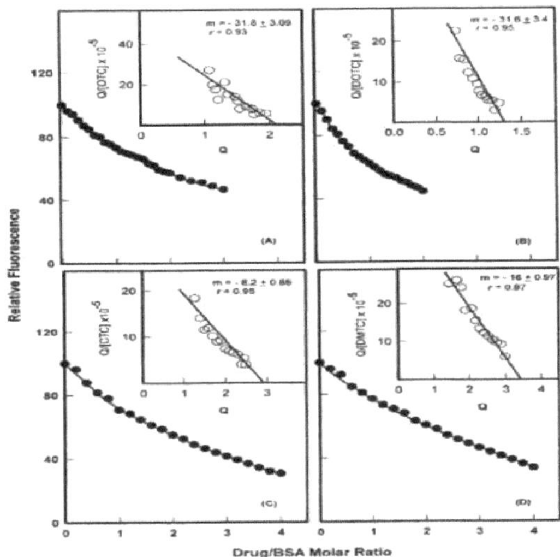

Figura 13. As isotermas de ligação e a análise Scatchard dos dados de fluorescência. As curvas AD mostram a relação entre os rácios molares de fluorescência e de molares de albumina. O inset mostra o gráfico de Scatchard para a ligação dos derivados correspondentes com BSA. Os valores para Q/[OTC], Q/[DOTC], Q/[CTC], Q/[DMTC] x 10-5 versus Q foram obtidos utilizando a derivação matemática tal como discutida nos métodos e plotados de acordo com o método de Levine (1977). Os espectros representam (A) OTC; (B) DOTC; (C) CTC; (D) DMTC.

Quadro 4. Parâmetros de ligação comparativos da interacção tetraciclinas-albumina

Drogas	Constante de ligação (K_a) x106 (litro/mol)	Capacidade de ligação (n)	AG* (Kcal/mol)
TC OTC	4.6	3.6-9	.05
DOTC	3.	22.1-8	.84
DMTC CTC	3.	11.3-8	.83
	1.6	3.4-8	.42
	0.	82.9-7	.99

*Calculado a partir de valores K_a a 250C.

3.2. Especificidade do local de Tetraciclinas-Albumina de Ligação

A ligação competitiva de ligandos marcadores específicos para o sítio-I (bilirrubina) e sítio-II (diazepam) com complexo albumina-tetraciclina demonstrou a especificidade do sítio de ligação de tetraciclina na molécula de albumina (Figura 14). A intensidade de fluorescência do complexo tetraciclina-albumina a 525 nm reduziu significativamente com a adição de quantidades equimolares de bilirrubina. Pelo contrário, a quantidade equimolar de diazepam mostrou um efeito de têmpera negligenciável (Quadro 5) (Khan *et al.*, 2002).

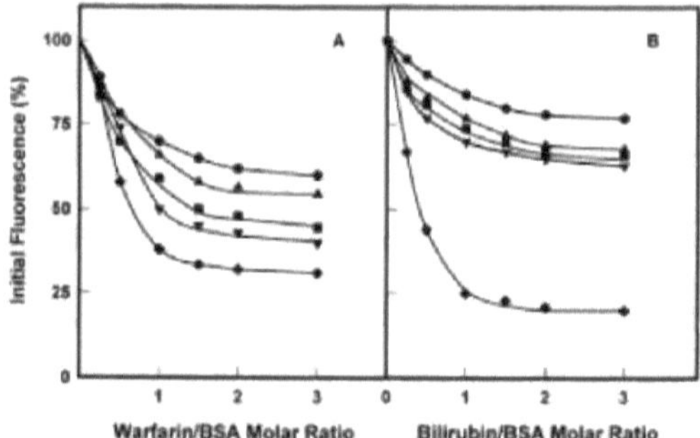

Figura 14. Efeito da warfarina e bilirrubina na intensidade de fluorescência do complexo TC-BSA. A fluorescência dos complexos TC (-), CTC (▲), OTC (■), DOTC (♦), e DMTC (▼) com BSA nos rácios molares de 1:1 foi medida na presença de concentrações crescentes de ligandos marcadores site-I (A) warfarina e (B) bilirrubina até rácios molares de 1:3. Os comprimentos de onda de excitação e emissão foram de 380 e 525 nm, respectivamente. Os valores percentuais da fluorescência inicial foram determinados considerando a fluorescência do complexo TC-BSA como 100% (Khan et al. 2002).

Quadro 5. Efeito dos ligandos marcadores na ligação de Tetraciclinas à BSA

Relação droga/BSA Molar (1:1)	* Têmpera da fluorescência com ligandos marcadores (%)		
	Warfarin	Bilirubin	Diazepam
TC	28.5	14.3	6.0
CTC	33.5	21.0	3.0
OTC	45.2	24.4	0.0
DOTC	62.5	75.5	5.0
DMTC	58.7	28.1	0.0

*Calculado a partir da intensidade de fluorescência do complexo BSA-TC em presença dos ligandos marcadores considerando a intensidade de fluorescência do complexo TC-BSA como 100.

3.3. Efeito dos iões de Metal Divalente na Ligação de Tetraciclinas com Albumina

A figura 15 mostra os espectros representativos de fluorescência de albumina tratada com 10 pM TC na presença de 20 pM Cu (II) iões. Os resultados mostram uma diminuição significativa da fluorescência intrínseca da proteína Cu (II)-mediada a uma concentração constante de TC. A percentagem de têmpera foi determinada como sendo significativamente maior com o complexo TC mais 20 pM Cu (II) em comparação com o TC apenas. O efeito de outros iões metálicos tais como Zn (II), Ni (II) e Fe (II) em combinação com outras tetraciclinas sobre a fluorescência intrínseca de BSA também foi estudado. Os dados apresentados no Quadro 6 indicam claramente a ligação reforçada de derivados de tetraciclina com albumina na presença de iões metálicos.

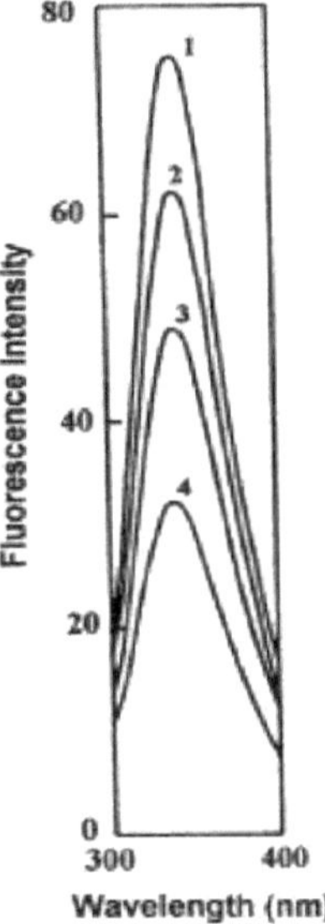

Figura 15. Efeito dos iões Cu (II) na ligação da tetraciclina e da albumina. Os espectros de cima para baixo representam (1) apenas BSA; (2) BSA + 20 pM Cu (II); (3) BSA + 10 pM TC; (4) BSA + 20 pM Cu (II) + 10 pM TC. O comprimento de onda de excitação foi de 280 nm.

Quadro 6. Efeito de certos iões metálicos na ligação de Tetraciclinas-BSA

Percentagem de têmpera por fluorescência

Metais	TC	CTC	DOTC	OTC	DMTC
Controlo	35.5	34.7	44.7	35.5	28.0
Cu2+	78.2	85.6	82.0	75.7	76.9
Ni2+	49.9	84.0	44.7	45.7	57.2
Zn2+	44.0	49.9	54.7	43.5	45.8
Fe2+	61.4	76.8	61.4	60.6	65.4

BSA (6 pM) foi tratado com TC derivado (10 pM) na presença de iões metálicos (20 pM). A intensidade de fluorescência de BSA só foi de 80,4, medida no comprimento de onda de excitação e emissão de 280 e 340 nm, respectivamente.

3.4. Mudança Conformacional na Albumina de Soro com Tetraciclinas

A figura 16 mostra os espectros de CD de BSA na gama de 200-250 nm a concentrações variáveis (0,0-1,0 mM) de tetraciclina na presença de iões de 100 pM Cu (II). A curva típica de BSA no seu estado nativo, com dois picos a 208 e 222 nm, exibiu uma alteração dependente da concentração de fármacos no valor da elipticidade.

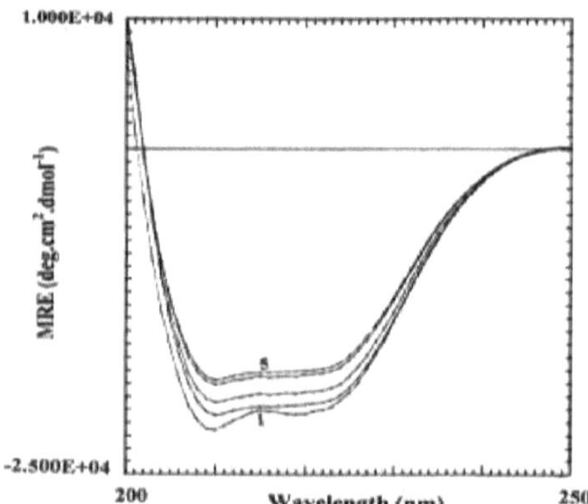

Figura 16. Espectros representativos em CD do complexo Oxitetraciclina-albumina. Espectros de BSA (2,4 pM) em tampão Tris-HCl pH 7,4 na ausência e presença de concentrações variáveis (0,0-1,0 mM) de OTC foram obtidos. Os espectros representam (1) BSA nativo; BSA tratado com (2) 0,2 mM OTC; (3) 0,4 mM OTC; (4) 0,8 mM OTC; (5) 1,0 mM OTC na presença de 100 pM Cu (II) iões.

As alterações nos valores da elipticidade média de resíduos (MRE222) em função da concentração das tetraciclinas são mostradas na Figura 17. A diminuição em MRE222 para as tetraciclinas foi determinada pela ordem TC>DOTC> OTC> DMTC> CTC. As reduções significativas no MRE reflectem as alterações na helicicidade de proteínas. As alterações percentuais no conteúdo a-helical da proteína, estimadas numa concentração fixa (1,0 mM) de cada um dos derivados de tetraciclina são mostradas na Tabela 7. A perda em helicópteros proteicos foi determinada em 25% com tetraciclina e 23,6, 21,7, 19,2 e 18,1% com os derivados DOTC, OTC, DMTC e CTC, respectivamente, em *relação a* 60% *a* -helical de conteúdo nativo não tratado de BSA (Khan, *et al.,* 2002).

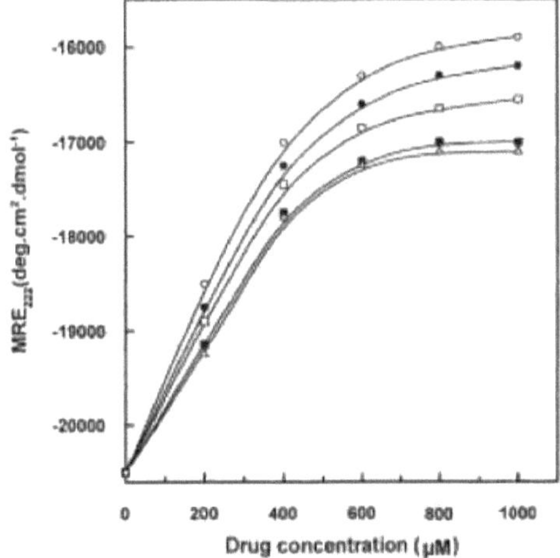

Figura 17. Valores comparativos de elipticidade residual média (MRE222) de BSA tratada com tetraciclina e seus derivados. Os valores de MRE foram obtidos e traçados em função das concentrações de TC na gama de 0,0-1,0 mM na presença de iões de 100 pM Cu (II). As curvas representam os complexos BSA com (-O-) TC, (---) DOTC, (-□-) OTC, (-■-) DMTC, (-Д-) CTC.

Quadro 7. Alteração da a-Helicidade Relativa de BSA na Interacção com Tetraciclinas na presença de 100 pM Cu ((II) iões

Drogas (1 mM)	MRE222 (deg.cm2.dmol-1)	% a - hélice	% Perturbação
Nativo BSA	20500	59.90	-----
BSA + TC	15900	44.75	25.3
BSA + DOTC	16200	45.74	23.7
BSA + OTC	16550	46.89	21.8
BSA + DMTC	17000	48.38	19.3
BSA + CTC	17200	49.04	18.2

4. Discussão

O presente estudo fornece a informação relativa à (i) ligação comparativa de tetraciclinas clinicamente importantes com BSA, (ii) papel dos iões metálicos divalentes nas interacções TC-BSA e (iii) subsequentes alterações conformacionais em proteínas na interacção com tetraciclinas, com base em medições de fluorescência e CD. Os dados de fluorescência revelaram que a afinidade de ligação diferencial de BSA para diferentes tetraciclinas varia na ordem de TC>DOTC>OTC>DMTC>CTC. As isotermas de ligação sugeriram cerca de um a quatro sítios de ligação de alta afinidade para a tetraciclina e o seu derivado na molécula de albumina, enquanto que os sítios restantes exibem ligação não específica. Devido ao maior número de sítios de baixa afinidade, a ligação de derivados de tetraciclina na molécula de albumina parece ser não-saturável. Os valores Ka mais elevados também sugerem uma forte interacção entre os derivados de tetraciclina e a albumina, produzindo um valor AG negativo. Além disso, nenhuma alteração na afinidade de ligação com a força iónica crescente sugere claramente o maior envolvimento das forças hidrófobas. Isto é consistente com os dados anteriores que sugerem o papel da interacção hidrofóbica na ligação TC-BSA (Urien *et al.,* 1994). No entanto, o papel da interacção electrostática não pode ser ignorado, pois a pH neutro, a tetraciclina actua como um zwitterion. Assim sendo um ligante ionizável, a ligação da tetraciclina à albumina pode envolver tanto as interacções hidrofóbicas como electrostáticas. Dados de ligação competitiva de ligandos marcadores específicos para o local I e local II a albumina-tetraciclinas sugerem que as tetraciclinas se ligam muito provavelmente às bolsas hidrofóbicas no local I ou perto deste dentro do sub domínio IIA da molécula de albumina.

A interacção de BSA com tetraciclinas aumenta com a adição de iões de metais de transição tais como os iões Cu (II), Fe (II), Ni (II) e Zn (II). Presumivelmente, os iões metálicos fornecem os locais de ligação adicionais na superfície da albumina. Estes resultados corroboram com os dados anteriores sobre a complexação de iões metálicos com BSA (Kohn, 1961; Kragh-Hansen *et al.,* 1994). De facto, sabe-se que os resíduos no N-terminus particularmente a histidina 3, cysteine-34 e o triptofano-213 no domínio II da albumina de soro bovino desempenham um papel crítico na ligação do metal (Peters & Blumenstock, 1967). É bem conhecido que a região N-terminal da albumina possui locais de alta afinidade tanto para os iões Cu (II) como Ni (II). A ligação da tetraciclina com albumina sérica foi relatada na presença de iões de zinco (Kohn, 1961). Pelo contrário, os nossos estudos (Khan *et al.,* 2002) revelaram uma ligação mais elevada de tetraciclinas na molécula BSA na presença de iões Cu (II) em vez de iões Zn (II). Isto poderia ser possivelmente devido a reacções simultâneas de Cu (II) com átomos de oxigénio ligados em C-3 do grupo amida e/ou nas posições C-10 e C-11 das tetraciclinas (Buschfort & Witte, 1994). Assim, o maior efeito de têmpera do complexo tetraciclina-Cu (II) sobre a fluorescência intrínseca da albumina confirma o papel do Cu (II) na promoção da complexação tetraciclina com albumina através da formação de ponte iónica metálica. Os nossos dados dicróicos circulares também revelaram que as tetraciclinas em concentrações mais elevadas em combinação com os iões Cu (II) induzem alterações na elipticidade proteica.

Existem evidências de que a ligação de pequenos ligandos à albumina sérica pode induzir algumas alterações conformacionais (Jusko & Gretch, 1976; Sudlow et *al.,* 1976). A alteração observada na energia livre também suporta as alterações estruturais da molécula de albumina ao ligar-se com as tetraciclinas na ordem crescente como TC>DOTC> OTC> DMTC> CTC. Presumivelmente, tais alterações conformacionais podem ocorrer principalmente num local diferente dos locais de ligação de ligantes utilizados, de modo a que as propriedades ópticas e a afinidade dos diferentes locais possam ser afectadas.

Em conclusão, a maior afinidade de ligação da tetraciclina e seus derivados com a albumina sérica pode aumentar a estabilidade e a potência destes medicamentos no corpo. No entanto, a ligação excessiva de fármacos na presença de iões metálicos induz alterações conformacionais na estrutura globular da proteína do soro. Assim, a formação do complexo tetraciclinas-Cu (II) pode evocar o risco potencial de danos macromoleculares em condições fisiológicas.

CAPÍTULO-IV: DANOS INDUZIDOS POR TETRACICLINAS NA ALBUMINA DE SORO

1. Introdução

A tetraciclina sofre degradação oxidativa após fotoexcitação e produz derivados de quinona metastable (Davies *et al.*, 1979, Moore *et al.*, 1983). Estes produtos fotoinduzidos evocam as respostas biológicas manifestadas como formigueiro, sensação de ardor (Frank *et al.*, 1971), onicólise (Orentreich *et al.*, 1961, Frank *et al.*, 1971) e erupções papulares (Frost *et al.*, 1971). Após a fotossensibilização, a tetraciclina perde um grupo dimetilamino (Moore *et al.*, 1983), e eventualmente desencadeia a produção de radicais livres (Davies *et al.*, 1979, Green & Hill, 1984). As espécies reactivas induzidas pela tetraciclina inibem o crescimento do fibroblasto (Bjellerup *et al.*, 1985), danificam os monócitos (Hasan *et al.*, 1984) e inactivam vírus vegetais e animais (Murphy, 1975, Novo & Esparza, 1979). Este antibiótico é conhecido por afectar a síntese de ADN em células procarióticas após interacção com a membrana celular (Pato, 1977). Também forma foto-adutos com proteínas ribossómicas (Goldman *et al.*, 1983) e induz quebras de um único fio em bacteriófagos φ X 174 ADN (Piette *et al.*, 1986). Outros alvos intracelulares susceptíveis a danos induzidos pela tetraciclina, em organismos superiores, são os eritrócitos (Nilsson *et al.*, 1975), ribossomas (Rebout *et al.*, 1982, Goldman *et al.*, 1983) e macromoléculas em cartilagem (Monboisse *et al.*, 1983, Dean *et al.* 1984) e líquido sinovial (McCord, 1974, Shasby *et al.*, 1985). Na presença de cátions divalentes, a tetraciclina liga-se de forma nãoovalente tanto ao ADN como à albumina sérica (Kohn, 1961, Khan *et al.*, 1998). A interacção da tetraciclina com a albumina também tem sido relatada para alterar a helicicidade proteica como sendo evidente a partir de alterações significativas na elipticidade média de resíduos da albumina (Khan *et al.*, 1998).

Embora a produção de radicais livres induzida por tetraciclina tenha sido demonstrada (Anson *et al.*, 1987, Martin *et al.*, 1987), os dados quantitativos que exibem a dependência da dose, e a natureza e extensão dos danos induzidos por tetraciclina às proteínas ainda são obscuros. Isto levou-nos a investigar os danos das proteínas induzidos pela tetraciclina e a testar a hipótese de que os iões Cu (II) promovem a degradação das proteínas celulares devido ao aumento da geração de OH durante a fotoexcitação da tetraciclina. A produção de espécies reactivas de oxigénio e a consequente fragmentação da albumina sérica são consideradas como manifestações da toxicidade da tetraciclina.

2. Métodos

2.1. Fotoexcitação de Tetraciclinas

A fotoexcitação de tetraciclinas foi realizada por exposição à luz branca (20W/m2) emitida por uma lâmpada fluorescente Philips com tubos PAR TLD. Todas as amostras foram expostas a radiações luminosas em frascos de vidro borosilicato. A intensidade luminosa foi medida com um radiómetro PMA 2100 (Solar light Co. Inc, Philadelphia). A concentração de proteínas foi determinada pelo método de Lowry *et al.* (1951).

2.2. Quantificação in vitro de Radicais Superóxidos (O2'') e Hidroxil (´OH)

Os ânions superóxidos foram estimados pelo ensaio de redução NBT de acordo com o método de Nakayama, *et al.* (1983). Em resumo, a mistura típica de reacção contendo 150 mM de tampão fosfato de potássio, pH 7,8, 50 pM NBT, 100 pM EDTA, 0,06% Triton X-100 foi misturada com concentrações variáveis (0 -300 pM) de tetraciclina. Os tubos contendo a mistura de reacção foram expostos à luz branca durante períodos de tempo especificados. A absorvância da cor azul desenvolvida foi lida a 560 nm utilizando o espectrofotómetro Shimadzu-4001 UV-Vis e traçada em função da concentração de tetraciclina e do tempo de foto-excitação. Os radicais hidroxil foram estimados de acordo com o método de Richmond *et al.* (1981) utilizando salicilato (2- hidroxibenzoato) como molécula detectora. A mistura de reacção contém os seguintes reagentes nas concentrações indicadas: 2 mM salicilato, 100 pM EDTA, 100 pM Cu (II) e 150 mM tampão de fosfato de potássio, pH 8,0. A reacção foi iniciada com a adição de tetraciclina na gama de concentrações de 0 - 500 pM e os tubos foram expostos à luz branca durante 2 h a 37oC. A reacção foi interrompida com a adição de 11,5 M HCl, e 0,85 mM NaCl, seguida de 4 ml de éter dietílico refrigerado. O conteúdo foi misturado por vórtice e a camada superior do éter foi separada e evaporada até à secura num banho de água. Os tubos foram arrefecidos e o resíduo dissolvido em água fria destilada. Depois, 0,5 ml de 10% de TCA, 1 ml de 10% p/v de tungstato de sódio em água, 0,7 ml de 0,5% p/v de nitrito de sódio foram adicionados a cada tubo. Os tubos foram deixados em repouso durante 5 min, e 0,5 M KOH foi adicionado para ajustar o pH da mistura ao pH 7,2. A absorvância foi lida a 510 nm e traçada em função da concentração de tetraciclina. Os efeitos de têmpera dos removedores de radicais livres foram estudados adicionando 10 mM de cada um dos manitol, etanol, DMSO e SOD (150 unidades), em condições idênticas com controlos paralelos.

2.3. Tetraciclina-Induzida Fragmentação da Albumina de Soro

A fragmentação da proteína foi avaliada através da medição dos grupos de aminoácidos solúveis em TCA libertados com reagente TNBS de acordo com o método de Snyder e Sobocinski (1975). Uma mistura típica de reacção contendo albumina sérica (50 pM), concentrações variáveis de TC (0 -1,0 mM) e Cu (II) (100 pM) foi exposta à luz branca durante 2 h a 37oC. Do mesmo modo, os tratamentos de BSA com derivados de tetraciclina foram realizados em condições idênticas. A reacção foi interrompida com a adição de 100 pM EDTA seguida de precipitação com 5% (p/v) de TCA. O sobrenadante foi obtido após centrifugação a 2500 rpm durante 30 min. e os grupos de aminoácidos solúveis em ácido foram quantificados utilizando a curva de calibração da glicina. A absorvância foi lida a 335 nm e traçada em função da concentração de tetraciclina e do tempo de exposição à luz branca. A inibição da fragmentação proteica foi também monitorizada na presença de 10 mM manitol e 150 unidades de SOD, como radicais hidroxil e superóxido de aniões necrófagos, respectivamente. Os grupos carbonilo libertados da BSA tratada foram estimados usando reagente de 2,4-dinitrofenil-hidrazina na sequência do procedimento de Lappin e Clark (1951).

2.4. Electroforese em gel de poliacrilamida SDS-Poliacrilamida

A electroforese de SDS-poliacrilamida não tratada e de tetraciclina-Cu (II) foi realizada com 10% (p/v) de gel, de acordo com o método de Laemmli (1970). Em resumo, a albumina tratada com concentrações crescentes (0,5 a 2 mM) de TC e 100 pM Cu (II) foi fotoexcitada durante 2 h a 37oC. As alíquotas (24 pg cada) de controlo não tratado e proteína tratada foram carregadas no gel e rodaram a 3 mA por poço durante 3 h. O gel foi corado com coomassie azul brilhante R-250 (0,25 % p/v) e desidratado com 5% de metanol e 7,5% de ácido acético glacial à temperatura ambiente.

3. Resultados

Avaliação quantitativa do Superóxido Induzido de Tetraciclina (O2 -) Produção de Aniões

Aumento dependente da dose na absorção de produtos formazan de cor azul formados como resultado de fotoexcitação tetraciclina na gama de concentrações de 0 - 300 pM. As quantidades absolutas de O2⁻ aniões mostradas na Figura 18 foram estimadas com base nos dados de absorvância e no molar coeficiente de extinção do formazan nitroblue (E 15.000) produzido sobre a redução do tetrazólio nitroblue (Khan & Musarrat, 2002).

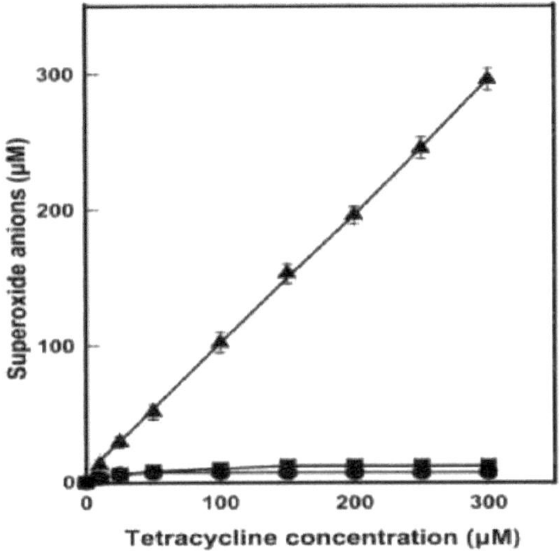

Figura 18. Produção fotoexcitada de tetraciclina induzida por tetraciclina de ânions O2'. TC a uma gama de concentração crescente de 0-300 pM foi fotoexcitado em presença de NBT. A absorvância do produto de formazan de cor azul foi lida a 560 nm e traçada em função da concentração de TC. As quantidades absolutas de O2' aniões produzidas são mostradas no inset. Os dados plotados como (---) controlo sem tratamento, (-■-) TC (no escuro), (-▲-) TC (na luz branca) são a média + S.D. de duas experiências independentes feitas em duplicado.

A produção de aniões superóxido induzida por tetraciclina parecia ser um processo dependente do tempo. Observou-se um aumento pronunciado da absorvância a 560 nm com uma concentração fixa (50 pM) de tetraciclina com um tempo de fotoexcitação crescente entre 0 - 60 min. O aumento da absorvância dos produtos de formazan foi quase linear até 20 min de irradiação. A curva inclina-se para fora e os planaltos nos tempos de exposição mais elevados. As quantidades absolutas de O2' geradas em função do tempo de fotoexcitação são mostradas na Figura 19. A adição de SOD (150 U), como um supressor radical livre durante a fotoexcitação tetraciclina reduz substancialmente a produção de aniões superóxidos. A reacção paralela realizada no escuro não provoca qualquer produção de superóxido, como é evidente pela alteração negligenciável da absorvância a 560 nm. A análise comparativa indica a produção diferencial de ROS com os derivados fotossensibilizados de tetraciclina com diferentes grupos funcionais na ordem DOTC> TC> OTC>DMTC> CTC (Tabela 8).

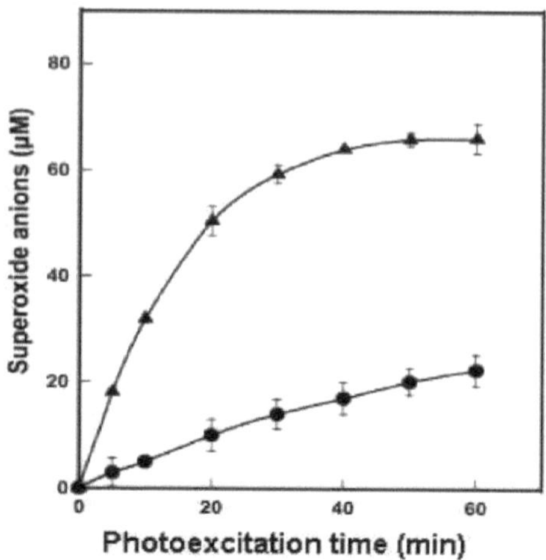

Figura 19. Efeito do tempo de fotoexcitação na geração de ânions O2'. Tetraciclina a um fixo

concentração de 50 pM foi fotoexcitado durante 60min na ausência (-▲-) e presença de SOD(-e-). Em intervalos

regulares de 5, 10, 20, 30, 40, 50 e 60 min, a absorvância foi monitorizada a 560 nm e traçada em função do tempo.

O inset mostra os valores da quantidade absoluta de O2'· aniões. Cada ponto de dados representa a média + S.D. de

duas experiências independentes feitas em duplicado.

Quadro 8. Produção de espécies reactivas de oxigénio e grupos de aminoácidos solúveis em tetraciclinas-Cu (II) Fotosensibilização

Drogas (100 pM)	Produção de ROS		Danos proteicos
	ânions ·O2	·Radicais OH	Grupos de aminoácidos solúveis em ácido
	(pM formazan)	(nmoles ·OH salicilato")	(pM)
TC	202 ± 10.6	64.9 ± 6.2	87.5 ± 1.4
CTC	112 ± 2.8	35.9 ± 1.7	40.4 ± 1.5
DOTC	219 ± 4.2	75.6 ± 6.4	93.3 ± 9.7
DMTC	118 ± 1.4	41.5 ± 3.5	46.3 ± 2.5
OTC	147 ± 11.3	49.0 ± 2.2	52.0 ± 1.7

3.2. Produção dependente da dose de 'OH Radicais com Tetraciclina fotossensível-Cu (II)

Um aumento linear dos produtos salicilatos hidroxilados, como indicador da 'produção de OH' foi observado na reacção de 2-hidroxibenzoato com tetraciclina fotoexcitado. Foi observado um aumento dependente da concentração na absorção a 510 nm na gama de 0-500 pM de tetraciclina durante 2 h de fotoexcitação a 37oC. As quantidades absolutas de produtos salicilatos formados sob condições especificadas são mostradas na Figura 20. Os dados indicam que a presença de 100 iões pM Cu (II) durante a fotoexcitação de tetraciclina resultou num aumento substancial na formação de produto salicilato. Na concentração mais elevada (500 pM) de tetraciclina, foi observado um aumento de cerca de 2 vezes na produção de - OH radicais. A produção de radicais - OH foi validada medindo a formação de produtos salicilatos na presença de vários supressores de radicais livres. Na presença de SOD (150 U), foi observada uma inibição quase insignificante da formação de produtos salicilatos. No entanto, aproximadamente 43, 32 e 16% de inibição da formação de produtos salicilados foi notada na presença de 10 mM de radicais hidroxil têmpera, *nomeadamente* manitol, etanol e DMSO (Tabela 9).

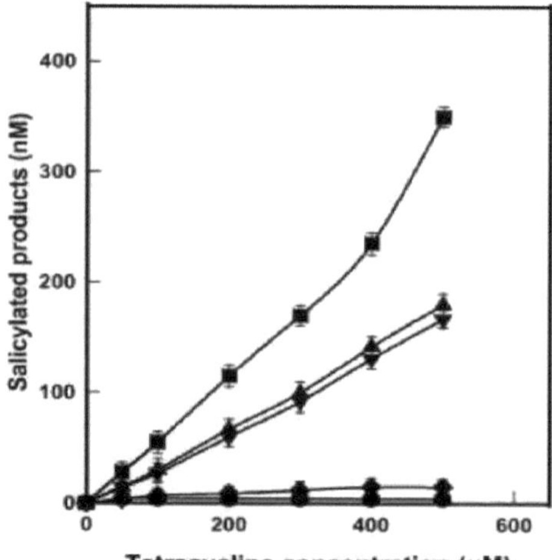

Figura 20. Produção de produtos salicilatos hidroxilados com tetraciclina fotoexcitada. A quantidade absoluta de produtos salicilatos foi medida a 510 nm e traçada em função da concentração de TC como: (---) controlo não tratado (0 pM TC + 100 pM Cu (II)); (-▲-) TC + 0 pM Cu (II); e (-■-) TC + 100 pM Cu (II). Os pontos de dados apresentados são a média + S.D. de duas experiências independentes feitas em triplicado.

Quadro 9. Efeito dos supressores na produção de ROS induzidos pela tetraciclina e fragmentação de proteínas

Têmpera (10mM)	Inibição percentual		
	- Radicais OH	O_2^- ânions	Fragmentação de proteínas
Controlo	0.0	0.0	0.0
Manitol	83 ± 3.8	--	61 ± 6.5
Etanol	32 ± 2.4	--	ND
DMSO	16 ± 4.9	--	ND
SOD (150 unidades)	0.0	67 ± 7.0	11 ± 0.8

Os valores expressos são a média + S.D. de duas experiências independentes. ND, não feito.

3.3. Tetraciclina-Cu (II) induziu a fragmentação da albumina de soro

A figura 21 mostra o padrão de degradação induzido pela tetraciclina da albumina sérica num gel de poliacrilamida SDS. Notou-se uma quantidade significativa de concentração de tetraciclina dependente da fragmentação de proteínas. O tratamento da albumina com tetraciclina fotoexcitada em presença de Cu (II) aumentou a extensão da fragmentação. Em comparação com a faixa de albumina não tratada na faixa 2, notou-se uma redução discernível da intensidade das faixas proteicas com geração concomitante de bandas de satélite nas faixas 3 a 5. A fotoexcitação da tetraciclina por si só induz a fragmentação mas não foi detectável no gel SDS-PAGE.

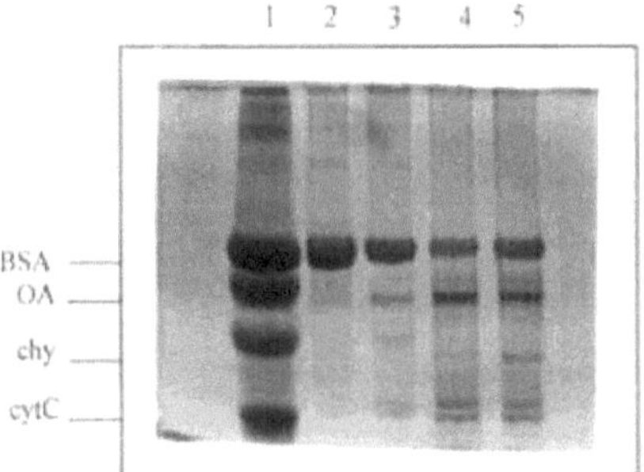

Figura 21. SDS-PAGE de tetraciclina fotoexcitada tratada BSA. O padrão de degradação da proteína tratada em concentrações crescentes (0-2 mM) de TC na presença de iões de 100 p.M Cu (II) é mostrado na fotografia em gel. As faixas da esquerda para a direita indicam como: faixa 1, marcadores padrão mol. wt., incluindo BSA, ovalbumina, (OA); quimotripsina (Chy); citocromo C (Cyt C); faixa 2, só BSA; faixa 3, BSA + 0,5 mM TC + Cu (II); faixa 4, BSA + 1 mM TC + Cu (II); faixa 5, BSA + 2 mM TC + Cu (II).

No entanto, os ensaios espectrofotométricos quantitativos demonstraram uma libertação significativa de grupos de aminoácidos solúveis e grupos carbonilo a partir da proteína fragmentada utilizando glicina e acetofenona, respectivamente, como padrões. A extensão da fragmentação no intervalo de concentração inferior de 0-1 mM tetraciclina é mostrada na Figura 22. Um aumento da absorvância da cor a 335 nm indica a libertação dependente da dose de tetraciclina de grupos de aminoácidos solúveis em ácido. As quantidades absolutas de aminoácidos solúveis ácidos libertados são mostradas na Figura 22 (Khan *et al.*, 2002).

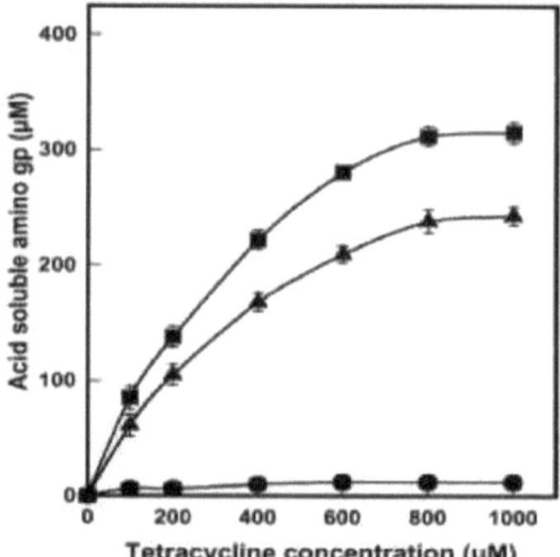

Figura 22. Avaliação quantitativa da fragmentação de proteínas induzida com tetraciclina fotoexcitada. BSA em presença de TC nas concentrações indicadas foi fotoexcitado como descrito nos métodos. As quantidades absolutas de grupos de aminoácidos solúveis libertadas na fragmentação de proteínas em concentrações variáveis de TC na presença (-■-) e ausência (-▲-) de iões Cu (II)
foram traçadas juntamente com o controlo sem tratamento (---). Cada ponto representa a média +_S.D. de duas experiências independentes feitas em triplicado.

Cu (II) na mistura de reacção durante o tratamento proteico com tetraciclina fotoexcitada aumentou a fragmentação proteica em 23 por cento. Além disso, o aumento do tempo de fotoexcitação dependente da intensidade da cor amarela, formada devido à reacção de grupos de aminoácidos solúveis em ácido com reagente TNBS, foi observado na fotoexcitação de concentração fixa de tetraciclina (200 pM) mais Cu (II) (100 pM). A absorvância a 335 nm foi reduzida substancialmente (61%) na presença de 10 mM manitol, utilizado como "OH supressor (Figura 23).

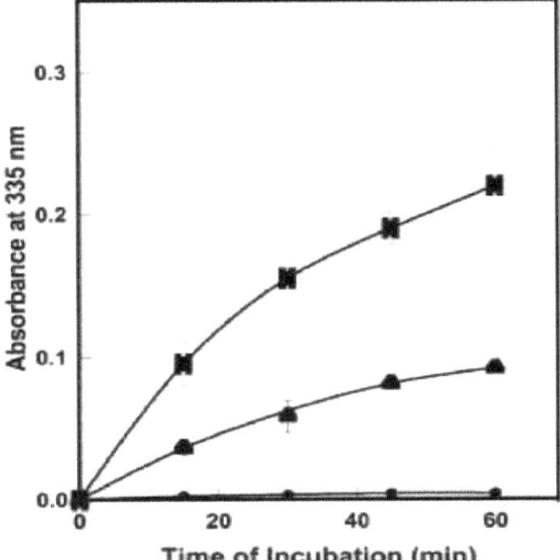

Figura 23. Efeito dos extintores radicais livres na fragmentação das proteínas dependentes do tempo. A quantidade de grupos de aminoácidos solúveis em ácido libertados na fotoexcitação da tetraciclina foi medida conforme descrito nos métodos. A absorvância foi monitorizada em tempo variável de fotoexcitação e traçada como (---) controlo não tratado; (-■-) TC + Cu (II), e (-▲-) TC + Cu (II) + 10 mM manitol. Cada ponto de dados representa a média + S.D. de duas experiências independentes feitas em triplicado.

Além disso, foi observado um aumento linear da absorvância da cor do vinho tinto, desenvolvido devido aos grupos carbonilo, até 400 pM tetraciclina a 480 nm (Figura 24). Em comparação apenas com a tetraciclina, a 1mM de concentração, a albumina tratada com tetraciclina-Cu (II) exibiu quase 27% de aumento da libertação de grupos carbonilo (Khan & Musarrat, 2002).

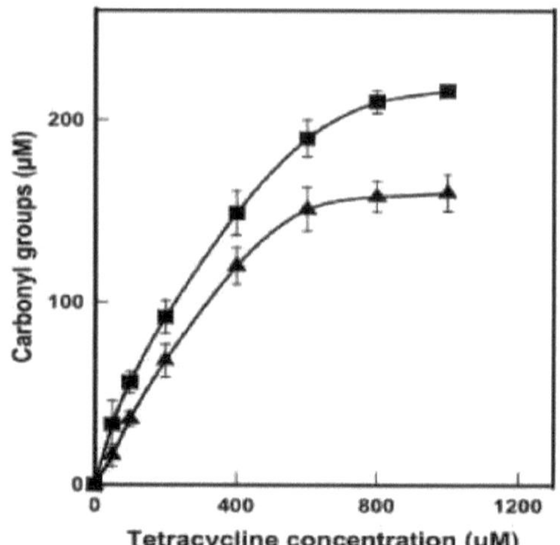

Figura 24. Conteúdo de carbonilo de BSA após exposição a tetraciclina fotoexcitada. As quantidades absolutas de grupos carbonilo, determinadas a concentrações variáveis de TC na presença (■) e ausência (▲) de iões Cu (II) foram traçadas.

4. Discussão

A fototoxicidade e o potencial prejudicial do ADN das tetraciclinas estão bem documentados (Hasan *et al.*, 1984, Buschfort & Witte, 1994). Contudo, a extensão e natureza dos danos nas proteínas expostas à tetraciclina fotoexcitada e o papel dos iões metálicos nas alterações macromoleculares induzidas pela tetraciclina não foram abordados em profundidade. Assim, no presente estudo, foi determinada a extensão dos danos proteicos infligidos à tetraciclina fotoexcitada e o papel da tetraciclina-Cu (II) induzido O_2^- e $^\cdot OH$ na fragmentação proteica foi elucidado. Os dados revelaram uma fragmentação significativa da albumina após tratamento com tetraciclina fotoexcitada, tanto na ausência como na presença de 100 iões de Cu (II) LIM. De facto, os iões Cu (II) melhoraram significativamente o processo de fragmentação, como é evidente pela notável redução na intensidade das bandas proteicas com desenvolvimento concomitante de algumas bandas auxiliares em gel de poliacrilamida SDS. Aparentemente, a soma da intensidade de todas as bandas auxiliares de fragmentos de proteínas foi considerada igual à intensidade da banda de albumina não tratada. De facto, o desenvolvimento de bandas distintas em combinações tetraciclina-Cu (II) superiores reflecte a natureza específica do local de clivagem na cadeia proteica. Estes resultados sugerem inequivocamente a fragmentação da albumina após exposição à luz branca na presença de concentrações mais elevadas (0,5 a 2 mM) de tetraciclina. Além disso, a libertação de grupos de aminoácidos solúveis em ácido e grupos carbonilo da albumina tratada confirmou a fragmentação da proteína tanto na ausência como na presença de iões Cu (II). Estes resultados significam uma quantidade considerável de danos proteicos mesmo em concentrações mais baixas de tetraciclina, enquanto que os danos não eram perceptíveis no gel. Os dados espectrofotométricos quantitativos indicam que a degradação proteica pode ser devida à hidrólise da ligação peptídeo e/ou à cisão em cadeia na posição de carbono.

Os nossos estudos de têmpera dos radicais livres (Khan & Musarrat, 2002) sugerem claramente o envolvimento dos radicais livres no processo de fragmentação das proteínas durante a reacção de fotoexcitação. O aumento da produção de - OH na fotoexcitação na presença de iões Cu (II), bem como uma redução notável na quantidade de ambos os grupos - OH e amino solúveis ácidos libertados da albumina tratada na presença de manitol de 10 mM sugere um papel potencial de "OH na fragmentação da proteína". A geração ' OH reforçada com o complexo tetraciclina-Cu (II) pode dever-se à quelação dos iões Cu (II) com molécula de tetraciclina a pH neutro e à sua subsequente redoxreacção. Sabe-se que os iões Cu (II) formam um complexo com o oxigénio ligado ao grupo carbono-3 e amida e/ou átomos de oxigénio ligados às posições C-10 e C-11 da tetraciclina, e sofrem uma redução concomitante com a oxidação da tetraciclina (Buschfort & Witte, 1994). É provável que ocorra uma transferência de electrões da tetraciclina para os iões Cu (II) ligados e a subsequente reoxidação dos iões Cu (I) resulta na formação de espécies reactivas de oxigénio. Também a reacção de electrões livres ejectados por tetraciclina fotoexcitada com oxigénio molecular torna a geração de $O2^{-}$ aniões. Simultaneamente, a foto-dissociação do grupo dimetil-amino da tetraciclina na reacção com o oxigénio molecular também produz radical peróxido na posição-4 nos anéis aromáticos. Os aniões $O2^{-}$ e os radicais peróxidos gerados com tetraciclina fotoexcitada na decomposição do tipo Fenton geram 'radicais OH' (Davies *et al.*, 1979; Green & Hill, 1984; Halliwell & Aruoma, 1991; Halliwell & Gutteridge, 1992). É provável que a produção destes 'radicais OH na proximidade imediata de proteínas com tetraciclina-Cu (II) ligadas pode atacar as moieties aromáticas susceptíveis em proteínas, resultando na clivagem específica do local. Os nossos estudos demonstraram a ligação da tetraciclina com albumina sérica (Khan *et al.*

1998). Em particular, os aminoácidos aromáticos como o triptofano e a tirosina, bem como a cisteína, foram sugeridos para serem envolvidos nas interacções droga-albumina. Os dados também sugeriram que os ânions superóxidos e os radicais peroxil induzem um dano não específico, resultando na libertação de produtos solúveis em ácido a partir da proteína tratada com tetraciclina. No entanto, os maiores fragmentos de proteína gerados devido à - clivagem site-specific por 'radicais OH foram co-precipitados juntamente com a proteína intacta não hidrolisada em ensaios espectrofotométricos, e portanto, não contribuem para a absorção global dos produtos solúveis ácidos libertados.

Estes resultados determinaram uma relação dose dependente entre a produção de radicais livres ($O2^-$ e ' OH) e a fotoexcitação de tetraciclina. Além disso, a crescente fragmentação da produção de albumina e ' OH radicais com a adição de iões Cu (II) reflecte o papel dos iões metálicos no aumento da toxicidade induzida pela tetraciclina. A maior extensão do dano proteico com a adição de Cu (II) pode representar um risco de dano macromolecular, especificamente em indivíduos com doença de Wilson (Marsden, 1987). Esta desordem genética do metabolismo do cobre causa níveis elevados de cobre livre no plasma, fígado, rim, cérebro e células da medula óssea (Marsden, 1987). Também as mulheres portadoras de uma pessar intrauterina de cobre (IUP), da qual cerca de 50 pg de cobre é lixiviado por dia, podem ser os alvos susceptíveis. Estudos comparativos sobre o efeito de outras tetraciclinas clínicas *vizinhas* DOTC, OTC, DMTC, CTC, e MC em combinação de iões Cu (II) em organismos alvo e/ou linhas celulares podem causar alterações epigenéticas e lesões promutagénicas em macromoléculas celulares.

CAPÍTULO-V: INTERACÇÃO DAS TETRACICLINAS COM O ADN

1. Introdução

Estudos sobre a ligação de vários medicamentos, corantes e antibióticos ao ADN e à cromatina contribuíram substancialmente para a compreensão do seu modo de acção e da especificidade do local. Em geral, as técnicas de titulação de absorção (Calendi *et al.*, 1965; Gabbay *et al.*, 1976) e fluorescência (Tsou & Yip, 1976, Plumbridge & Brown, 1977) têm sido utilizadas para examinar as interacções dos cromóforos ligantes com os ácidos nucleicos. Estas técnicas dependem da demonstração de alterações espectrais do ligando em interacção com os ácidos nucleicos (Peacocke & Skerrett, 1956). Tais alterações foram previamente comunicadas para a daunomicina (Calendi *et al.*, 1965) e adriamicina (DiMarco *et al.*, 1975).

Também foram relatadas ligações de tetraciclinas ao ADN na presença de cátions divalentes (Kohn, 1961). Os iões metálicos divalentes desempenham um papel importante na modulação dos efeitos biológicos e bioquímicos da tetraciclina. Estes efeitos incluem a inibição de certas enzimas (Rokos *et al.*, 1958), a precipitação de P-lipoproteínas (Lacko *et al.*, 1959) e a localização das tetraciclinas nos tecidos tumorais (Rall *et al.*, 1957). Este fenómeno envolve a formação de quelatos tetraciclina-metálicos (Albert, 1956). Estudos anteriores demonstraram a quelação tetraciclina com catiões multivalentes e a sua interacção com as membranas dos glóbulos vermelhos humanos, lípidos e uma variedade de proteínas utilizando medições de fluorescência e dicrómio circular (Schneider *et al.*, 1983). Algumas tetraciclinas foram também utilizadas como sondas fluorescentes para demonstrar a sua ligação preferencial aos catiões nas superfícies das membranas (Caswell & Hutchison, 1971). A ligação de drogas ao ADN também tem sido analisada por modelos de exclusão vizinhos (McGhee & von Hippel, 1974; Chaires et *al.*, 1996), estudos espectroscópicos e fluorescentes (Fritzsche et *al.*, 1993; Aich & Dasgupta, 1995) e ultimamente pela impressão do pé DNAse I (Bailly et al., *1998)*. No entanto, para o melhor da nossa informação, as interacções das tetraciclinas com o ADN e as consequentes alterações estruturais não têm sido estudadas extensivamente. O objectivo deste estudo é abordar as questões de base, tais como: qual é precisamente a afinidade de ligação do ADN com as tetraciclinas? e quantas moléculas de tetraciclinas interagem especificamente com os nucleótidos de ADN? Para abordar estas questões, é necessário determinar a afinidade das tetraciclinas com o ADN, na ausência e presença de iões metálicos. Para este fim, foram utilizadas técnicas sensíveis tais como o têmpera por fluorescência e o dicroísmo circular para determinar a (i) afinidade e estequiometria da complexação das tetraciclinas de ADN, (ii) efeito da força iónica e dos iões Cu (II) na interacção DNA-tetraciclina e (iii) induziu alterações conformacionais no ADN aquando da ligação das tetraciclinas.

2. Métodos

2.1. Estudos de têmpera da Fluorescência

A ligação DNA-tetraciclina foi determinada por espectrofluorometria seguindo o procedimento padrão descrito anteriormente (Khan *et al.*, 1998). Resumidamente, a concentração fixa (5pM) de cada uma das cinco tetraciclinas *viz* (TC, CTC, OTC, DOTC e DMTC) foi misturada com concentrações crescentes de ADN, variando assim a proporção molar de ADN-droga de 0 a 50 num volume total de reacção de 3 ml. A razão molar de 50 foi tomada como o ponto final no ensaio de titulação com o fármaco considerado como ligado ao máximo. As determinações de fluorescência foram feitas para as tetraciclinas utilizando os parâmetros de fluorescência mostrados na Tabela 10. Os dados de ligação foram analisados seguindo o método de Scatchard (1949).

Quadro 10. Parâmetros espectrais das Tetraciclinas

Drogas	Absorbância Xmax (nm)	Comprimento de onda de (nm)	Comprimento de onda de (nm)
TC	380	390	525
CTC	380	395	525
OTC	375	395	525
DOTC	380	375	432
DMTC	372	380	510

Adaptado de Popov et al. (1972)

2.2. Efeito da força iónica e dos iões Cu (II) nas interacções DNA-TC

A influência do ambiente iónico na interacção DNA-TC foi avaliada em concentrações variáveis de NaCl. A tetraciclina (5 LIM) foi autorizada a reagir com concentrações crescentes de ADN (0-150 LIM) na presença de 5, 50 e 200 mM de NaCl. Simultaneamente, foi também estudado o efeito do íon metálico divalente, Cu (II) em concentrações variáveis de 1, 5 e 10 LIM. As constantes de associação do complexo tetraciclina-DNA foram determinadas com base nos parâmetros de fluorescência em concentrações variáveis de iões monovalentes e divalentes. O número de pares de iões formados entre a tetraciclina e o ADN do timo do bezerro (m'), foram determinados com base na relação, $\tau'\phi = -d \log_{Ka/log} [M+]$, onde [M+] é a concentração de catiões monovalentes e ϕ é a fracção de um ião contador, que é termodinamicamente ligado por fosfato (Record *et al.*, 1976). Considerando [M+] igual a [Na+], os valores para m' foram determinados. O valor de ϕ, até 0,82, foi utilizado para representar a fracção de um ião contador, que é termodinamicamente ligado por fosfato num complexo de DNA nativo (Wilson &

Lopp, 1979).

2.3. Medidas do Dicroísmo Circular (CD)

Foram obtidos espectros de CD de tetraciclinas isoladamente e em combinação com Cu (II) na proporção de 1:2, tanto na ausência como na presença de 100 ADN LIM numa célula de 1 cm de percurso. As medições de CD foram efectuadas com um espectrómetro Jasco, modelo J-720. O instrumento foi calibrado com ácido d-10-camphorsulphonic. Todas as medições do CD foram efectuadas a 25°C com um suporte de célula controlado termostaticamente ligado a um banho de água em circulação NESLAB RTE-110 (NESLAB Instruments, Inc. USA) com uma precisão de ± 0,1°C. Todos os espectros foram recolhidos a uma velocidade de varrimento de 100 nm por minuto com um tempo de resposta de 1 segundo. Cada espectro foi a média de três varreduras e corrigido por subtracção de um branco tamponado em condições idênticas. Os resultados expressos como elipticidade molar $[0]_x$ em deg.cm2.dmol-1, que é definida como $[0]_x = 10 \ 0/c \ d$, onde, 0 é a elipticidade observada em graus, c é a concentração em mol/l da droga total, e d é o comprimento do trajecto em decímetros.

3. Resultados

3.1. Ligação de Tetraciclinas com ADN

A interacção das tetraciclinas com o ADN do timo do bezerro foi estudada através da monitorização das alterações na fluorescência intrínseca das tetraciclinas em proporções molares variáveis de ADN/TC. A figura 25 mostra os espectros de emissão de fluorescência de TC com ADN. Estes antibióticos exibiram alterações espectrais significativas na interacção com ADN nas faixas de comprimento de onda de 450-570 nm, 450-550 nm e 450-600 nm, respectivamente. A adição de ADN de timo de bezerro em concentrações crescentes, a uma quantidade fixa de tetraciclinas diminuiu progressivamente a fluorescência de TC, CTC e DMTC em todo o espectro, sem qualquer aumento significativo de qualquer porção do espectro ou pico de desvio. Uma vez que a maior alteração nos espectros de fluorescência das tetraciclinas com a adição de ADN ocorreu nos comprimentos de onda indicados na Tabela 10, as medições de fluorescência nestes comprimentos de onda produziram uma determinação precisa da fracção das tetraciclinas totais ligadas. Os derivados OTC e DOTC produziram muito menos efeito de têmpera na incubação com ADN, em comparação com outros derivados.

100

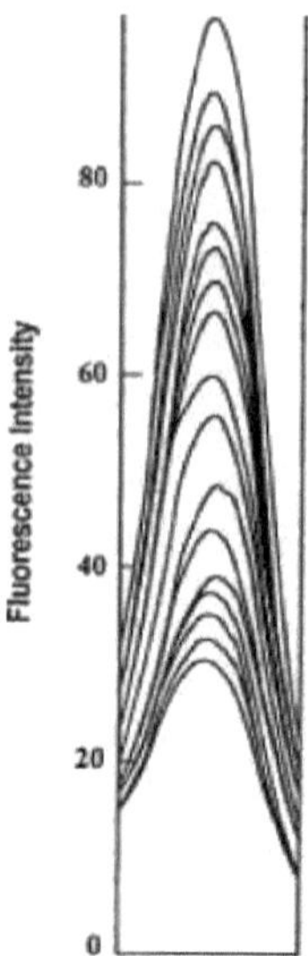

Figura 25. Espectros de emissão de tetraciclinas na ausência (curva mais alta) e presença de quantidades crescentes de ADN. Os rácios molares de ADN para TC variam de 0,0 - 40. Os espectros foram obtidos nos comprimentos de onda correspondentes para TC, conforme especificado no Quadro 10.

A intensidade relativa de fluorescência para cada derivado foi determinada a partir dos espectros correspondentes e traçada em função da razão molar DNA-TC. A figura 26 mostra as isotermas de ligação comparativa da tetraciclina e das suas derivadas. A uma razão molar de ADN-droga de 30, a percentagem de têmpera para TC, CTC, DMTC, OTC e DOTC foi determinada em 64%, 47%, 36,5%, 15%, e 11% respectivamente.

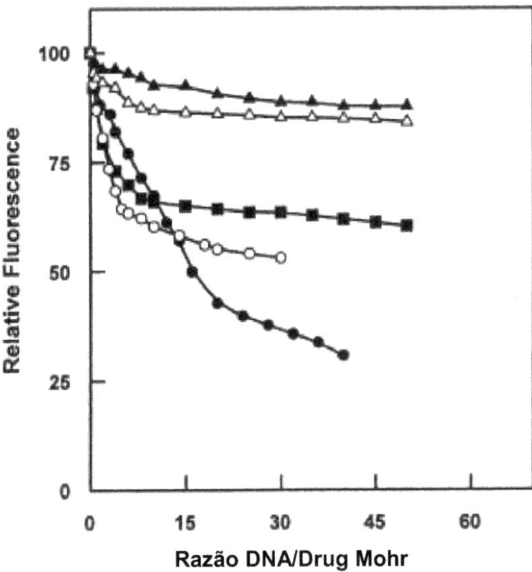

Figura 26. Têmpera das tetraciclinas fluorescentes na ligação do ADN. As alterações na fluorescência relativa das tetraciclinas com a adição de ADN são representadas como (-) TC, (O) CTC, (■) DMTC, (A) OTC e (▲) DOTC.

Assumindo que a quantidade de têmpera de fluorescência é proporcional à quantidade de tetraciclina ligada ao ADN, a constante de associação K_a para diferentes tetraciclinas foi calculada pela análise Scatchard (1949). A figura 27 A-C mostra as parcelas de Scatchard correspondentes. A inclinação da linha recta traçada através da região linear da parcela forneceu os valores K_a para cada droga. Os dados comparativos de ligação obtidos das parcelas do Scatchard são mostrados na Tabela 11. Os valores K_a para TC, CTC e DMTC foram determinados em $1,16 \times 10^7$, $3,4 \times 10^7$ e $3,04 \times 10^7$ litros/mole, respectivamente (Khan & Musarrat, 2003). Os valores do parâmetro n, que é uma medida do número de sítios de ligação de ADN para tetraciclina, foram calculados a partir do parâmetro interceptações das linhas rectas no eixo X. As variações no valor de n para os derivados de tetraciclina são responsáveis pelas diferenças na sua reactividade química devido a variações estruturais.

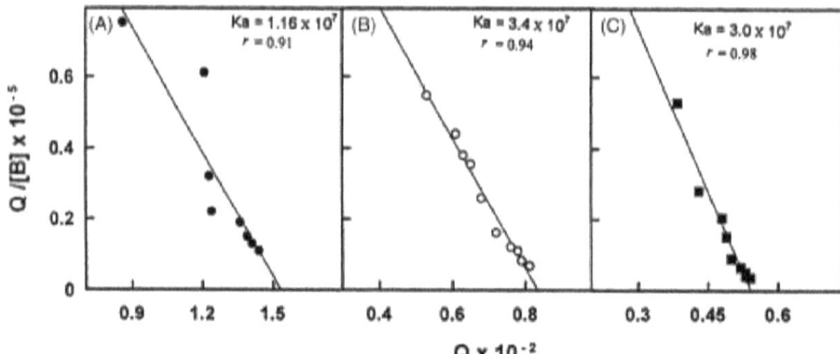

Figura 27. Análise de amostras de ligação de ADN com tetraciclinas. As parcelas representam como (A) TC, (B) CTC e (C) DMTC. Os valores das parcelas para Q/[B] x 10 $^{-5}$ e Q foram obtidos a partir dos espectros mostrados na Figura 28 de acordo com Levine (1977), onde Q é o supressor fraccionário e [B] representa a concentração de droga não vinculada (Khan & Musarrat, 2003).

Quadro 11. Parâmetros de ligação de Tetraciclinas com ADN de timo de bezerro

Drogas	Ka x ^{107}(litro/mole)	n x 10-2
TC	1.161	.53
CTC	3.	400.82
DMTC	3.	040.54

3.2. Efeito da força iónica na ligação DNA-Tetraciclina

Para determinar a contribuição das interacções electrostáticas na ligação global das tetraciclinas com o ADN, a extinção por fluorescência das tetraciclinas foi medida em soluções de forças iónicas variáveis. As figuras 28 e 29 mostram as isotermas de ligação e a análise Scatchard das interacções de TC- DNA na presença de NaCl em concentrações variáveis. Os resultados indicam uma diminuição significativa da afinidade da ligação do ADN para a tetraciclina em forças iónicas mais elevadas, particularmente a 50 e 200 mM NaCl sem alterar significativamente a capacidade de ligação (Figura 28) (Khan & Musarrat, 2003). A extinção da fluorescência de tetraciclina foi reduzida em 27% e 42% a 1:12 na presença de 50 e 200 mM de NaCl, respectivamente. Qualquer aumento para além desta razão molar não aumenta o efeito de têmpera.

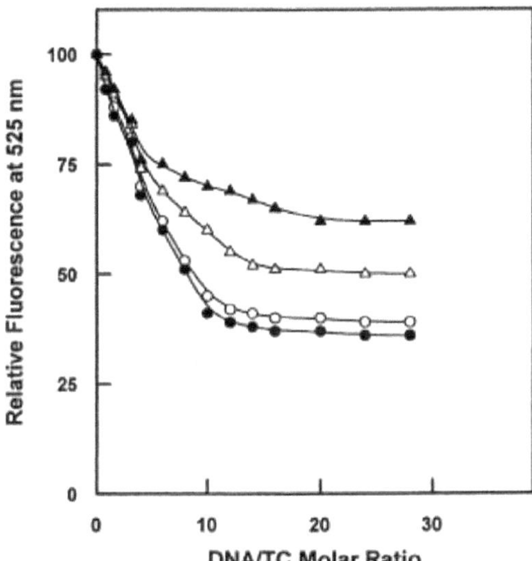

Figura 28. Isotermia de ligação mostrando o efeito da força iónica no têmpera induzida pelo ADN da fluorescência tetraciclina, na presença e ausência de NaCl. As curvas representam como (-)

DNA-TC (sem NaCl), (O) DNA-TC com 5 mM, (Д) DNA-TC com 50 mM e (▲) DNA- TC com 200 mM de NaCl. A excitação e o comprimento de onda de emissão foram de 390 nm e 525 nm, respectivamente.

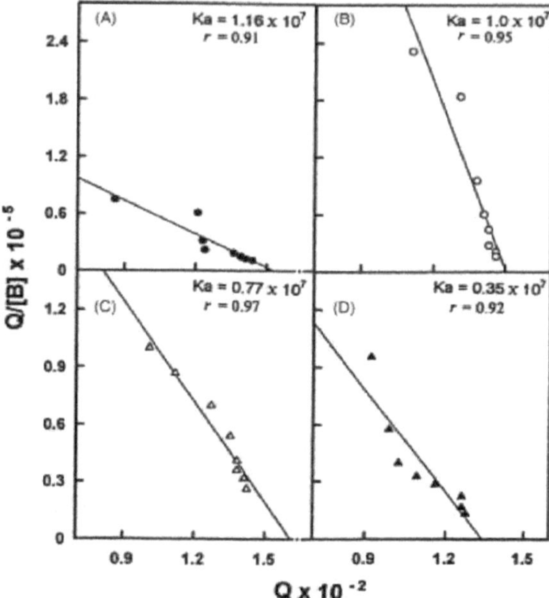

Figura 29. Análise de fragmentação da ligação de ADN com TC ao aumentar a força iónica. As parcelas representam como (A) 0,0 mM, (B) 5 mM, (C) 50 mM e (D) 200 mM de NaCl.

Os parâmetros de ligação comparativos obtidos a concentrações específicas de NaCl de 5, 50 e 200 mM são apresentados no Quadro 12. A constante de ligação (K_a) apresenta uma relação linear com a concentração de íons Na+, quando o log K_a foi traçado em função de -log[Na+] (Figura 30). O número de pares de iões formados entre TC e ADN (m') foi determinado como sendo 0,675.

Tabela 12. Efeito da força iónica nos parâmetros de ligação de TC com ADN de timo de vitelo

NaCl (mM)	$K_a \times 10^7$ (litro/mole)	$n \times 10^{-2}$
0.0	1.16	1.53
5	1.00	1.50
50	0.77	1.61
200	0.46	1.34

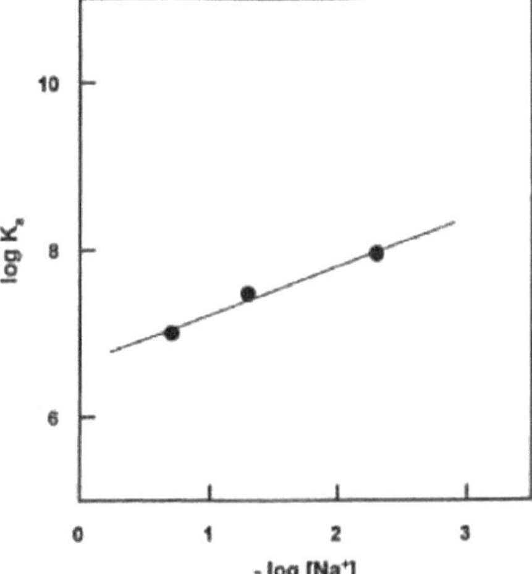

Figura 33. Relação da constante de ligação (K_a) com a força iónica. Os valores log K_a obtidos para as interacções TC-DNA a concentrações variáveis de NaCl de 5, 50 e 200 mM são traçados em função do -log[Na+].

3.3. Efeito dos iões Cu (II) no têmpera das tetraciclinas por fluorescência induzida pelo ADN

A figura 31 mostra os espectros representativos de emissão de fluorescência de tetraciclina após adição de ADN na presença e ausência de 10 pM Cu (II) iões. Considerando apenas o valor da intensidade de fluorescência de TC como 100%, a extensão da têmpera a uma razão molar Cu (II)-TC de 2:1 foi determinado a ser de 28%. No entanto, a fluorescência intrínseca de TC em combinação apenas com ADN e ADN-Cu (II) diminuiu até 39 % e 74 %, respectivamente (Figura 31).

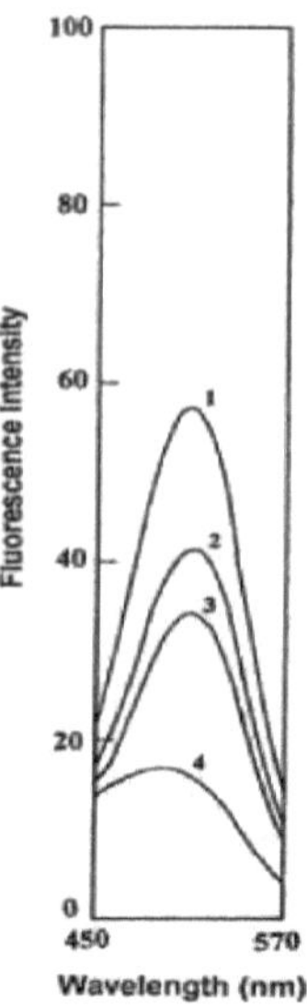

Figura 31. Efeito do Cu (II) na fluorescência tetraciclina. A fluorescência de TC foi medida na ausência e presença de 200 µM ADN e 10 µM Cu (II). Os espectros representam como (1) TC apenas, (2) TC + Cu (II), (3) TC + DNA, e (4) TC + Cu (II) + DNA. O comprimento de onda de excitação foi de 390 nm.

Os resultados apresentam claramente uma fluorescência significativa de tetraciclina mediada por ADN-Cu (II) em comparação com o ADN ou Cu (II) isoladamente. Os dados quantitativos que reflectem os efeitos de tetraciclina fluorescente com aumento da concentração de ADN na presença de 1, 5 e 10 iões Cu (II) são mostrados na Figura 32.

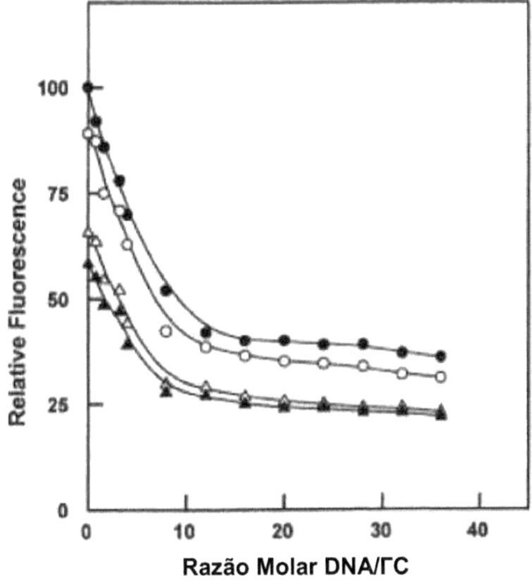

Figura 32. Efeito de têmpera do ADN na fluorescência de tetraciclina na presença de iões Cu (II) em diferentes relações molares ADN/TC. As curvas representam como (-) controlo 0,0, (O)1 pM, (Д) 5 pM e (▲) 10 pM Cu(II).

As parcelas Scatchard correspondentes e os parâmetros de ligação são mostrados na Figura 33 (A-D) e na Tabela 13. A presença de Cu (II) em concentrações mais elevadas na reacção de ligação resulta na redução de K_a e na capacidade de ligação da tetraciclina com ADN.

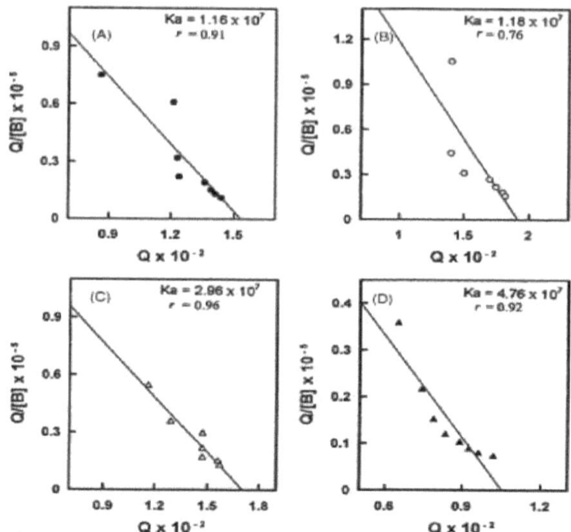

Figura 33. Análise de fragmentação da ligação TC-DNA na presença de iões Cu (II). As parcelas representam como: (A) 0,0 pM, (B) 1 pM, (C) 5 pM e (D) 10 pM, respectivamente (Khan & Musarrat, 2003).

Quadro 13. Efeito dos iões de cobre sobre os parâmetros de ligação da tetraciclina com ADN

iões Cu (II) (pM)	$K_a \times 10^7$ (litro/mole)	$n \times 10^{-2}$
0	1.2	1.5
1	1.1	1.9
5	1.0	1.7
10	0.7	1.1

3.4. Dicroísmo Circular dos Complexos de Tetraciclinas-DNA

Os espectros circulares do dicroísmo das tetraciclinas na ausência e presença de ADN e iões Cu (II) são mostrados na Figura 34. O espectro CD de TC mostra uma banda positiva característica a 294 nm e duas bandas negativas a 248 nm e 326 nm, respectivamente. Pelo menos duas regiões dos espectros foram consideradas sensíveis aos iões de cobre. Estas duas regiões espectrais encontram-se na proximidade de 304 nm (+ve), que foi deslocada a vermelho por 10 nm e 338 nm (-ve), com um deslocamento a vermelho por 12 nm com dois picos adicionais a 373 nm e 405 nm. A adição de ADN ao complexo TC-Cu (II) mostra o desaparecimento das bandas CD positivas e negativas a

373 nm e 405 nm, respectivamente. Além disso, foram observadas ligeiras mudanças nas bandas -ve com o complexo TC-Cu (II). A tetraciclina em presença de Cu (II) e DNA separadamente, bem como em combinação, apresenta uma redução significativa da elipticidade.

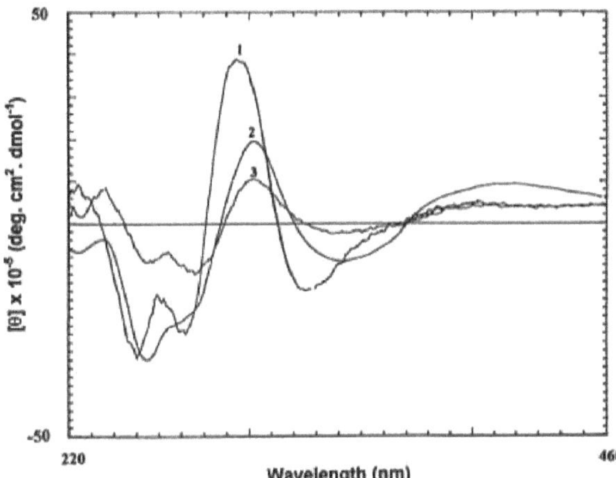

Figura 34. Espectros de CD de tetraciclina (50 pM) em tampão Tris-HCl 10 mM, pH 7,4 na ausência e presença de 100 pM Cu (II) e 100 pM ADN. Os espectros representam (1) TC apenas, (2) TC + Cu (II) e (3) TC + Cu (II) + DNA (Khan & Musarrat, 2003).

Os espectros de CD de tetraciclina, Cu (II) e DNA exibem um ponto isósbico a 383 nm. Do mesmo modo, os espectros de CD de derivados de tetraciclina com iões Cu (II) na ausência e presença de ADN são mostrados no Quadro 14 (Khan & Musarrat, 2003). Invariavelmente, todos os derivados de tetraciclina mostraram alteração na elipticidade ao ligarem-se com ADN na presença de iões Cu (II).

Quadro 14. Elipticidade molar (0) e seus derivados na presença e ausência de ADN e Iões Cu (II).

Droga	Droga gratuita				Complexo de medicamentos com ADN e			
	Ligar no máximo		Banda niLuiiuum		Banda máxima		Banda mínima	
	Л (Um)	"?) x Ws	A (pm)	(6) X 10⁽³	Л (pm)	(0) x 10~5	Л (pm)	(0) x 10-3
TC	295	38.6	326	15.3	305	9.7	3382	.0
CTC	297	42.5	326	25.6	304	7.3	3409	.7
orc	297	33.4	327	14.4	302	9.8	339	2.1
DOTC	299	47.6	331	16.7	313	27.8	3195	.6

DMTC	299	39.8	329	24.9	311	8.3	349	10.0

4. Discussão

Neste estudo, a interacção das tetraciclinas com o ADN do timo de bezerro foi estudada por espectroscopia de fluorescência e dicroísmo circular. Os dados revelaram que a fluorescência intrínseca da tetraciclina e seus derivados se extinguiu de forma significativa com a interacção com o ADN. Isto pode ser devido ao mascaramento ou enterramento de cromóforos de tetraciclina após intercalação entre as bases empilhadas com na hélice e/ou ligação superficial nos sítios nucleófilos reactivos nas bases azotadas heterocíclicas da molécula de ADN. É provável que a inserção do anel de naftaceno planar de tetraciclinas possa ocorrer entre as bases adjacentes de ADN duplex. Pode ser semelhante à intercalação de anel de antraciclina estruturalmente análogo, tal como reportado em caso de interacção entre a antraciclina e o ADN (Lerman, 1961). A intercalação de moléculas planares entre as bases empilhadas é conhecida por causar alterações na estrutura secundária do duplex de ADN nativo. Isto corrobora bem com as alterações estruturais secundárias de ADN observadas na ligação tetraciclina-ADN. Os nossos estudos mencionados no capítulo VI também demonstraram claramente a abertura da hélice e a formação de sítios sensíveis à nuclease S1 no ADN modificado com tetraciclina, o que se deve muito provavelmente ao efeito de intercalação das tetraciclinas. Para além de um possível processo de ligação intercalada, os dados de fluorescência também implicam interacções electrostáticas mais fracas das tetraciclinas com o ADN. Tais interacções resultaram na formação de um complexo binário TC-DNA. Os estudos de ligação revelaram uma constante de associação significativamente maior (K_a= 1,16 x 10^7 M-1) entre tetraciclina e ADN, o que sugere claramente uma forte afinidade da droga com o ADN. Do mesmo modo, os dados obtidos das parcelas Scatchard de três derivados representativos da tetraciclina, implicaram que a extensão da ligação varia entre os derivados da tetraciclina devido a diferenças subtis nos seus grupos funcionais reactivos. A comparação das constantes de ligação (K_a), revelou que as afinidades de ligação variam na ordem como CTC>DMTC>TC. A menor ligação do composto parental (TC) com ADN em *relação* aos derivados CTC e DMTC implica o papel dos grupos funcionais presentes no sistema de anéis de naftaceno. Os derivados, CTC e DMTC, contêm uma molécula de halogéneo na posição C-7 no anel D do sistema de anel de naftaceno, que pode ser um factor que contribui para as suas afinidades de ligação relativamente mais fortes. Contudo, a alteração do número de sítios de ligação das tetraciclinas substituídas nas moléculas de ADN reflecte a capacidade relativa dos derivados de tetraciclina para formar adutos de ADN-TC.

Outro factor que influencia a interacção droga-ADN é a relativa estabilidade do ADN duplex. Entre as forças que desestabilizam a estrutura helicoidal do ADN num solvente, incluem-se as repulsões fosfato-fosfato na molécula de ADN (Larcom *et al.* ,1981). Este efeito pode ser superado contrabalançando a carga nos grupos de fosfato do ADN com os iões Na+. Curiosamente, a afinidade de ligação da tetraciclina com o ADN diminui substancialmente nos amortecedores de reacção contendo NaCl em molaridades mais elevadas. Isto pode ser atribuído à fraca acessibilidade dos locais de ligação no ADN para os grupos funcionais tetraciclina se ligarem na presença de iões de Na+. Também a molécula de ADN sofre uma alteração conformacional significativa com concentrações mais elevadas de NaCl. Isto pode reduzir a extensão da intercalação de fármacos em condições de força iónica mais elevadas. Estudos anteriores também demonstraram que em concentrações mais elevadas de NaCl, os monovalentes iões de Na+ apresentam uma tendência para se coordenarem com purinas, pirimidinas e grupos fosfatos de ADN, e diminuem o desespero das bases que levam à modificação conformacional da molécula de ADN (Perahia, *et al.*, 1977; Larcom *et al.*, 1981). Contudo, a afinidade relativamente maior da tetraciclina de ligação ao ADN em condições de baixa força iónica, implica o papel das forças electrostáticas nas interacções DNA-TC.

Verificou-se também que a têmpera por fluorescência da tetraciclina foi diminuída significativamente na presença de Cu (II) de íon metálico divalente. Isto pode ser devido à ligação preferencial de Cu (II) com tetraciclina. Há dois sítios potenciais de ligação de Cu (II) relatados na molécula tetraciclina (Buschfort & Witte, 1994). Os iões Cu (II) formam um complexo com os oxigénio ligados ao grupo C-3 e amida, bem como os átomos de oxigénio ligados às posições C-10 e C-11. Presumivelmente, isto é atribuído à ligeira redução da afinidade de ligação da tetraciclina com o ADN na presença de Cu (II). No entanto, o complexo tetraciclina-Cu (II) na interacção com o ADN transforma-se num complexo ternário de tetraciclina-Cu (II)-DNA. Os dados CD que exibem alterações substanciais nos valores de elipticidade sugerem claramente as alterações estruturais na droga e formação de complexos ternários de ADN-TC-COU (II). Estes complexos ternários podem indirectamente melhorar a ligação superficial das linhas tetrácicas ao ADN devido à formação de pontes iónicas metálicas. O papel das pontes de iões metálicos no reforço da ligação da tetraciclina com proteínas tem sido demonstrado (Kohn, 1961). As interacções dos ligandos envolvem muito provavelmente os grupos de DNA da guanina, citosina e fosfato (Zimmer *et al.*, 1971; Forster *et al.*, 1979). Assim, para além da ligação superficial da tetraciclina no ADN, a intercalação da tetraciclina pode induzir alterações conformacionais substanciais na estrutura do ADN.

A presença de iões metálicos divalentes é conhecida por contribuir em vários efeitos biológicos e bioquímicos dos antibióticos tetraciclina. Por exemplo, a quelação do cálcio pode ser responsável pela ligação das tetraciclinas no osso recém-formado (Milch *et al.*, 1958), e pela retenção de antibióticos nos tecidos calcificados (Rall *et al.* ,1957; DuBuy & Showacre, 1961). Também a actividade antibacteriana da tetraciclina está relacionada com a estabilidade do complexo tetraciclina-metal. Os nossos dados de fluorescência e CD que reflectem as alterações espectrais das tetraciclinas ao ligarem-se com os iões ADN e Cu (II), elucidam o significado das interacções tetraciclina, ADN e Cu (II) relacionadas com a genotoxicidade e a citotoxicidade. Em conclusão, o presente estudo demonstra que as tetraciclinas podem actuar tanto como ligante de superfície como como intercalador, envolvendo as forças de ligação electrostática e hidrofóbica. Mais tetraciclinas hidrofóbicas tais como DMTC, CTC e TC podem de preferência intercalar-se na hélice, enquanto outros derivados podem participar na ligação superficial da molécula de ADN. Embora a situação *in vivo* seja consideravelmente mais complicada devido a problemas de permeabilidade, solubilidade, ligação competitiva a proteínas e/ou lípidos e degradação metabólica das drogas, os dados *in vitro* forneceram importantes informações biofísicas relacionadas com as interacções droga-ADN. Supõe-se que, independentemente da natureza da interacção, a ligação de tetraciclinas e Cu (II) causa perturbações na estrutura secundária do ADN, que podem ser prejudiciais se os danos no ADN não forem reparados com precisão em condições intracelulares.

CAPÍTULO-VI: DANOS CAUSADOS PELO ADN INDUZIDOS POR TETRACICLINAS

1. Introdução

As tetraciclinas são o antibiótico de largo espectro, normalmente utilizado no tratamento de várias infecções bacterianas e da acne. Para além dos seus espectros de acção farmacológica, sabe-se que as tetraciclinas exibem fototoxicidade. A exposição UV às tetraciclinas promove a sua degradação oxidativa e gera radicais hidroxil (Davies *et al.*, 1979; Green & Hill, 1984) e oxigénio singlet (Sanderberg et *al.*, 1984; Li et *al.*, 1987). Estas espécies reactivas mediadas por tetraciclina causam fotohemólise de eritrócitos (Nilsson *et al.*, 1975) e provocam danos nos ribossomas (Rebout *et al.*, 1982; Goldman *et al.*, 1983). Sabe-se que tanto os radicais hidroxil como o oxigénio mono-t danificam as proteínas (Kohn, 1961) e também induzem quebras de fios no ADN (Epe *et al.*, 1989; Halliwell & Aruoma, 1991). Poucos estudos sobre danos no ADN induzidos por tetraciclina também relataram a formação de quebras de cordão único tanto na irradiação UVA como no escuro no ADN PM 2 e bacteriófago cpx 174 (Piette *et al.*, 1986; Buschfort & Witte, 1994).

Em geral, os locais de oxigénio e azoto sobre bases azotadas no ADN têm sido relatados como sendo calmamente reactivos, e facilmente sujeitos a alquilação (Singer & Grunberger, 1983). Lawley e Brookes (1963) demonstraram que os principais locais de alquilação no ADN duplex são o N-7 da guanina e o N-3 da adenina. Além disso, a alquilação dos fosfatos de ADN também pode ocorrer. Além disso, a proporção de oxigénio versus alquilação de azoto foi relatada como sendo significativamente diferente com os agentes metilantes, causando $\sim$ 80% de N-metilação e $\sim$ 20% de O-metilação (Singer, 1985).

especula-se que os grupos metilo presentes nas posições C-4 e C-6 na molécula tetraciclina podem participar no processo de alquilação do ADN. No entanto, o mecanismo molecular das interacções de tetraciclina com o ADN e a alquilação, caso exista, não foi relatado. Embora, estudos anteriores tenham demonstrado a quebra do cordão por tetraciclina, não se encontra disponível na literatura praticamente nenhuma informação sobre danos no ADN dependentes da dose com derivados de tetraciclina e participação de iões metálicos na clivagem do cordão. Isto levou-nos a investigar a possibilidade de alquilação e de quebra de cordão induzida no ADN com um mecanismo sugestivo, após exposição a tetraciclinas e iões Cu (II). O estudo demonstra claramente a tetraciclina mediada pela alquilação do ADN, levando a uma desadequação da GC à AT base. Também podem ocorrer danos extensos no ADN em paralelo devido à geração de radicais livres após a redução de Cu (II) a Cu (I) ligados à tetraciclina em condições *in vitro*.

2. Métodos

2.1. Reacção das Tetraciclinas com ADN de Timo de Bezerro e Digestão com Nuclease S1

ADN de timo de bezerro (500 pg) em 10 mM Tris-HCl, pH 7,4 foi tratado com concentrações crescentes de tetraciclina para obter os rácios molares de 1:0.5, 1:1, 1:2, 1:4, 1:8 e 1:12 na presença de iões de 100 pM Cu (II). A mistura de reacção foi exposta à luz branca durante 2 h à temperatura ambiente. Posteriormente, foram adicionados a cada tubo tampão de nuclease S1 (tampão acetato 0,1 M, pH 4,5 contendo 1 mM ZnSO4) e nuclease S1 (30 U). Os tubos foram então incubados a 48°C durante 2 h. BSA (2 mg) foi então adicionado a cada tubo seguido de 1 ml de 14% de PCA. Os tubos foram rapidamente transferidos para um banho de gelo e mantidos a 4°C durante 1 h. O sobrenadante foi recuperado após centrifugação a 2500 rpm durante 30 min e os desoxirribonucleótidos solúveis em ácido foram determinados de acordo com o método de Schneider (1957).

2.2. Hidrólise alcalina de Tetraciclinas ADN tratado

O ADN do timo de bezerro (500 pg/ml) foi tratado com tetraciclinas na razão molar DNA nucleótido/ tetraciclinas de 1:0.5 a 1:12. A mistura de reacção foi exposta à luz branca durante 2 h em presença de 100 pM Cu (II). O controlo paralelo sem tetraciclina foi realizado em condições idênticas. O pH da mistura de reacção no final da incubação foi medido e encontrado inalterado. O ADN fotossensibilizado com tetraciclina Cu (II) foi incubado separadamente com 0,1 M e 0,5 M NaOH durante 1 h para determinar os sítios álcalis labiais no ADN. O ADN foi então precipitado pela adição de 1 ml de ácido perclórico frio 14% na presença de 0,2 ml de 10 mg/ml de albumina de soro bovino a 0°C. O ADN precipitado foi centrifugado a 2500 rpm durante 30 min e o sedimento foi descartado. Os nucleótidos solúveis em ácido foram estimados em sobrenadante de acordo com o método de Schneider (1957).

2.3. Ensaio de desenrolamento alcalino

As quebras de fios no ADN celular foram quantitativas por ensaio de desenrolamento alcalino utilizando o procedimento de lote de hidroxiapatita (Kanter & Schwartz, 1979). Em resumo, o ADN do timo do bezerro (100 ug) num volume de 0,5 ml em tubos múltiplos estéreis foram tratados com tetraciclina na razão nucleótido/tetraciclina molar de ADN desejada. As misturas de reacção foram incubadas a 37°C, expostas à luz branca. Os tubos foram imediatamente colocados sobre gelo e submetidos a desenrolamento alcalino por adição rápida de um volume igual de 0,06 N NaOH em 0,01 M Na2HPO4, pH 12,5, seguido de breve vórtice. Permitiu-se que o desenrolamento alcalino fosse concluído no escuro durante 30 minutos. O pH da mistura de reacção foi então neutralizado a pH 7,0 com a adição de 0,068 N HCl. Posteriormente, 20 pM EDTA contendo 2% de SDS foram adicionados e misturados cuidadosamente. A mistura resultante foi então transferida para tubos de vidro pré-aquecidos com tampão de fosfato de potássio 0,5 M, pH 7,0 e 10% formamida. As amostras foram incubadas a 60°C durante 2h com vórtice intermitente. A quantidade relativa de ADN duplex e encalhado simples presente no final do desenrolamento alcalino foi quantificada. O ADN isolado foi selectivamente eluído a partir da matriz de hidroxiapatite com tampão de fosfato de potássio 0,125-M, pH 7,0 contendo 20% de formamida. Contudo, o ADN duplex foi removido com tampão de fosfato de potássio 0,5 M, pH 7,0 contendo 20% de formamida. O ADN nos eluatos foi medido e as quebras de cadeia foram estimadas seguindo a equação ln F = - K/Mn . ^{te}, onde F é a fracção de cadeia dupla restante após tratamento alcalino durante o tempo t, Mn é o peso molecular médio entre duas quebras e B é uma constante que é inferior a uma (Rydberg, 1980). O número de pontos de desenrolamento (P) por unidade de desenrolamento alcalino do ADN foi calculado de acordo com a equação, P = ln Fx/ln $_{Fo}$ (Kanter & Schwartz, 1979) onde, Fx $_e$ F0 $_{são}$ as fracções de ADN de cadeia dupla remanescentes após desnaturação alcalina de amostras tratadas e não tratadas, respectivamente. O número de quebras (n) por unidade de ADN foi então determinado usando a equação n = P-1

2.4. Cromatografia de Hidroxiapatita

A cromatografia com hidroxiapatite foi realizada seguindo o procedimento de Bernardi (1971). O DNA nativo e tetraciclina do timo de bezerro tratado (500 pg) foi aplicado à coluna de hidroxiapatita (3 x 1 cm). A eluição começou com um gradiente gradual de tampão de fosfato de sódio, pH 7,0 de 0,1, 0,15, 0,2, 0,25, 0,3, e 0,35 M. Foram recolhidas fracções de 1 ml à razão de 5 ml/h. O ADN eluído em várias fracções foi determinado pelo método da difenilamina de Schneider (1957).

2.5. Ensaio de Nicking Plasmid

O plasmídeo circular pBR 322 DNA (0,25 pg) num volume final de 30 pl foram tratados com concentrações variáveis de tetraciclina (0,1- 2,0 mM) na ausência e presença de iões Cu (II) e expostos à luz branca durante 2h. A isto, 6 pl de corante de rastreio 5X (40 mM EDTA, 0,05% azul de bromofenol e 50% (v/v) glicerol) foi adicionado e carregado em géis de agarose 0,8%. O gel foi executado a 50 mA durante 3 h e corado com brometo de etídio (0,5 pg/ml), durante 30 min a 4°C. Após lavagem, as bandas foram visualizadas em UV-transiluminador (Photodyne, EUA.) e fotografadas.

2.6. Titulação Estequiométrica da Produção de Cu (I)

A quantidade de Cu (I) produzida durante a reacção TC-Cu (II) foi determinada na titulação com ácido dissulfónico bathocuproine (BCS). Resumidamente, 12,5 e 25 pM de tetraciclinas em tampão Tris-HCl 10 mM, pH 7,4 foram misturados com CuCl2 em proporções molares variáveis na presença de quantidade constante (0,3 mM) de bathocuproine num volume total de 1 ml. A extensão da formação do complexo bathocuproina-Cu (I) em relações molares Cu (II)-TC crescentes foi determinada pela medição da absorvância a 480 nm.

3. Resultados

3.1. S1 Hidrólise nucleosa de Tetraciclina-Cu (II) ADN tratado

O tratamento do ADN com tetraciclina na presença de iões Cu (II) resulta na formação de sítios sensíveis à nuclease S1. A quantidade de nucleótidos solúveis em ácido libertados a partir do ADN tratado com nucleótidos S1, aumenta com o aumento das concentrações de tetraciclina. O ADN nativo não tratado utilizado como controlo negativo não mostrou qualquer hidrólise significativa, enquanto que o ADN desnaturado como controlo positivo mostrou 99% de hidrólise na digestão de nuclease S1. Na maior razão molar de DNA nucleótido-TC de 1:12, foi observada uma hidrólise de aproximadamente 25% (Quadro 15). De facto, observou-se que a percentagem de hidrólise do ADN dependia do número de locais susceptíveis à hidrólise de S1 formados.

Quadro 15. Hidrólise do ADN tratado com TetraciclinaCu(II) com nuclease S1.

Relação nucleotídeo de ADN/TC molar	Nucleótidos de ADN solúveis em ácido (pg)	% hidrólise de ADN
ADN nativo	18	3.60
ADN desnaturado	498	99.6
1:0.5	62	12.4
1:1	66	13.2
1:2	70	14.0
1:4	76	15.3
1:8	103	20.7
1:12	125	25.0

O quadro 16 mostra o potencial comparativo de DNA prejudicial dos derivados de tetraciclina com base na formação de locais susceptíveis à nucleização e de álcalis-labílicos S1. Foi obtido um padrão diferencial de nucleótidos solúveis em ácido, libertados a partir do ADN tratado. A capacidade prejudicial de DNA dos derivados de tetraciclina variou na ordem DOTC>DMTC>TC>OTC>CTC a uma razão molar fixa de nucleótidos/tetraciclinas de ADN.

Quadro 16. Avaliação comparativa da hidrólise do ADN em Tetraciclinas-Cu (II) tratamento

ADN/ Drogas	Porcentagem de hidrólise	
	S1 nuclease	0.1M NaOH
ADN nativo	3.50	00
ADN desnaturado	99.3	00
ADN + TC	22.3	58
ADN + OTC	11.8	49
ADN + CTC	7.40	43
ADN + DOTC	27.0	76
ADN + DMTC	26.0	43

Também foi notada uma inibição significativa da hidrólise de s₁ nuclease do ADN tratado com tetraciclina-Cu (II) com a adição de quantidades crescentes de neocuproina como agente quelante de Cu (I) (Figura 35). A percentagem de inibição da hidrólise do ADN foi calculada como [100 x (A-B)/A], A e B são os valores percentuais de hidrólise do ADN obtidos sem e com neocuproína, respectivamente. A uma razão neocuproina-Cu (II) de 2,0, foi estimada uma inibição de quase 100% da degradação do ADN. Além disso, a hidrólise catalisada por nuclease S1 do ADN tratado com tetraciclina-Cu (II) foi significativamente reduzida com têmpera dos radicais livres. Especificamente, os "extintores de radicais OH, *nomeadamente* benzoato de sódio, tioureia e manitol, causaram respectivamente 47 a 57% de inibição da hidrólise da nuclease S1 (Quadro 17). Pelo contrário, a catalase, a superóxido dismutase e a azida sódica como potenciais inibidores do peróxido de hidrogénio, do superóxido e da produção de oxigénio mono-t mostraram efeitos inibidores negligenciáveis na hidrólise do ADN.

Quadro 17. Efeito dos supressores radicais livres na hidrólise de Si nuclease do ADN tratado com Tetraciclina-Cu (II)

Destruidores de radicais livres	(%) Inibição
Catalase (100U/ml)	6.7
Desmutase superóxida (100U/ml)	16.7
Azida de sódio (10mM)	3.30
Benzoato de sódio (10mM)	51.0
Thiourea (10mM)	57.0

Manitol (10mM)   47.0

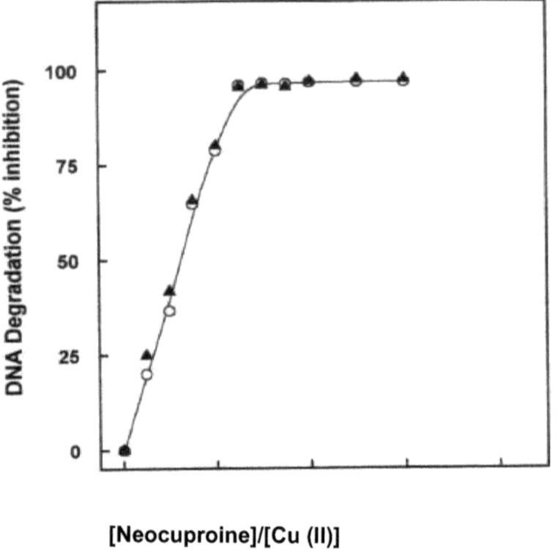

Figura 35. Inibição da hidrólise do ADN s1 nuclease na presença de neocuproina. ADN tratado com TC-Cu (II) à

razão molar de (O) 1:1 e (▲) 2:1 foram submetidos a digestão de nuclease S1 na presença de concentrações

variáveis de neocuproina.

3.2. Hidrólise alcalina de Tetraciclinas-Cu (II) ADN tratado

A hidrólise alcalina de tetraciclinas-Cu (II) ADN tratado com 0,1 M e 0,5 M NaOH exibiu um aumento progressivo da quantidade de nucleótidos solúveis em ácido libertados (Tabelas 18-22). Na maior relação nucleótido de ADN/tetraciclina molar de 1:12, a percentagem de hidrólise foi estimada em 62, 46, 53, 82 e 47% com 0,1 M e 76, 50, 64, 86 e 56% com 0,5 M NaOH, para TC, CTC, OTC, DOTC e DMTC, respectivamente. Em condições idênticas, não foi observada hidrólise no ADN de controlo não tratado. Os dados comparativos sobre a hidrólise alcalina do ADN tratado com tetraciclina e seus derivados com 0,1 M NaOH e S1 nuclease são mostrados no Quadro 16.

Tabela 18. Hidrólise alcalina do ADN tratado com TetraciclinaCu (II)

Nucleotídeo de ADN/TC	0.1M NaOH		0,5 M NaOH	
razão molar	Nucleotídeos solúveis em ácido (Mg)	% hidrólise de ADN	Nucleotídeos solúveis em ácido (Mg)	%DNA hidrólise
ADN nativo	00.0	00.0	00.0	00.0
1:0.5	80.0	32.0	80.0	32.0
1:1	90.0	36.0	95.0	38.0
1:2	103	41.2	113	45.2
1:4	117	46.8	130	52.0
1:6	122	48.8	150	60.0
1:8	130	52.0	160	64.0
1:10	145	58.0	175	70.0
1:12	155	62.0	190	76.0

Quadro 19. Hidrólise alcalina de ADN tratado com clorotetraciclina Cu (II)

Nucleotídeo de ADN/TC	0.1M NaOH		0.5M NaOH	
razão molar	Nucleotídeos solúveis em ácido	%DNA hidrólise	Nucleotídeos solúveis em ácido	%DNA hidrólise
ADN nativo	0.0	0.0	0.0	0.0
1:0.5	32.5	13	35	14
1:1	55	22	72.5	29
1:2	70	28	85	34
1:4	75	30	92.5	37
1:6	85	34	102	41
1:8	95	38	117	47
1:10	107	43	122	49
1:12	115	46	125	50

Tabela 20. Hidrólise alcalina do ADN tratado com Oxitetraciclina (II)

Relação nucleotídeo de ADN/TC molar	0.1M NaOH		0.5M NaOH	
	Nucleotídeo solúvel em ácido	% hidrólise de ADN	Nucleotídeo solúvel em ácido	% hidrólise de ADN
ADN nativo	0.0	0.0	0.0	0.0
1:0.5	35	14	40	16
1:1	72.5	29	85	34
1:2	85	34	100	40
1:4	95	38	112	45
1:6	103	41	125	50
1:8	113	45	140	56
1:10	123	49	150	60
1:12	133	53	160	64

Quadro 21. Hidrólise alcalina do ADN tratado com DoxiciclinaCu (II)

Razão molar DNA nucleotídico/DOTC	0.1M NaOH		0,5 M NaOH	
	Nucleotídeo solúvel em ácido	% hidrólise de ADN	Nucleotídeo solúvel em ácido	% hidrólise de ADN
ADN nativo	0.0	0.0	0.0	0.0
1:0.5	50	20	55	22
1:1	102	41	105	42
1:2	122	49	125	50
1:4	140	56	145	58
1:6	150	60	162	65
1:8	175	70	182	73
1:10	190	76	197	79
1:12	205	82	215	86

Quadro 22. Hidrólise alcalina do ADN tratado com Demeclocyclina-Cu (II)

Razão molar DNA nucleotídico/DMTC	0.1M NaOH		0.5M NaOH	
	Nucleotídeos solúveis em ácido (Mg)	% hidrólise de ADN	Nucleotídeos solúveis em ácido (Mg)	% hidrólise de ADN
ADN nativo	0.0	0.0	0.0	0.0
1:0.5	32	13	35	14
1:1	57	23	72	29
1:2	70	28	87	35
1:4	80	32	97	39
1:6	87	35	107	43
1:8	100	40	120	48
1:10	107	43	130	52
1:12	117	47	139	55

3.3. Tetraciclina-Cu (II) induziu quebras de cordão no ADN

Os resultados do ensaio de desenrolamento alcalino são mostrados na figura 36. Os dados indicam que a concentração de tetraciclina depende da diminuição da fracção de ADN duplex com aumento simultâneo do grau de encalhe único no ADN. Com base na quantidade de ADN duplex restante após tratamento alcalino durante um tempo especificado, o número de quebras de fita formadas por unidade de ADN foi determinado nas concentrações de tetraciclina correspondentes. Um controlo paralelo não mostra qualquer redução na quantidade de ADN dúplex. No entanto, na maior razão molar de nucleótidos de ADN-TC de 1:10, foram produzidas aproximadamente 6,0 quebras de fita por unidade de ADN (Quadro 23).

Quadro 23. Tetraciclina-Cu (II) induziu quebras de cordão no DNA do timo do bezerro

Razão nucleotídeo de ADN/ TC molar	Fracção de duplex ADN (F)	Número de pausas por unidade de ADN (n)
1:0	0.81	-
1:1	0.60	1.42
1:2	0.55	1.83
1:4	0.44	2.89
1:6	0.33	4.26
1:8	0.24	5.76
1:10	0.23	5.97

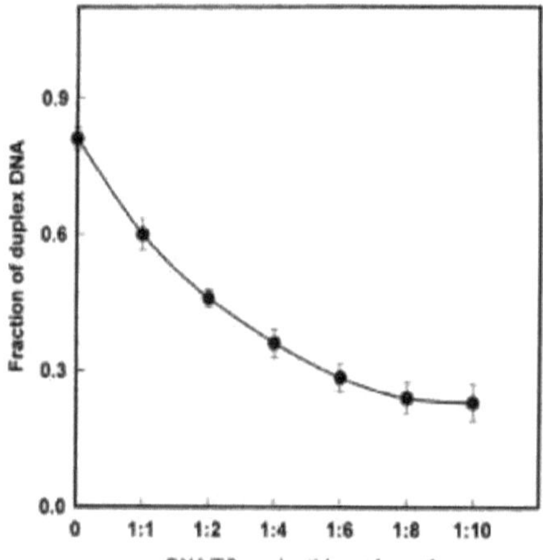

Figura 36. Fracção de DNA duplex recuperada após tratamento com concentrações crescentes de tetraciclina-Cu (II). O desenrolamento alcalino foi realizado como descrito nos métodos.

3.4. Cromatografia de hidroxiapatite de ADN tratado com tetraciclina

A figura 37 mostra os perfis de eluição do ADN tratado com concentrações crescentes de tetraciclina. O ADN nativo foi eluído da coluna na molaridade do fosfato de 0,25 M (painel A). Contudo, o ADN tratado a uma razão molar nucleotide-TC de 1:5 emergiu como um pico menor separado na eluição com tampão fosfato de 0,15 M (painel B). Com uma razão molar de 1:10, a área do pico de eluição a 0,25 M diminuiu com um aumento concomitante da área do pico de eluição do ADN isolado a 0,15 M de tampão fosfato (painel C). Com base na absorção de ADN eluído, estima-se que 50% da transformação do ADN de cadeia dupla em forma de cadeia única ocorre a uma razão molar de 1:10.

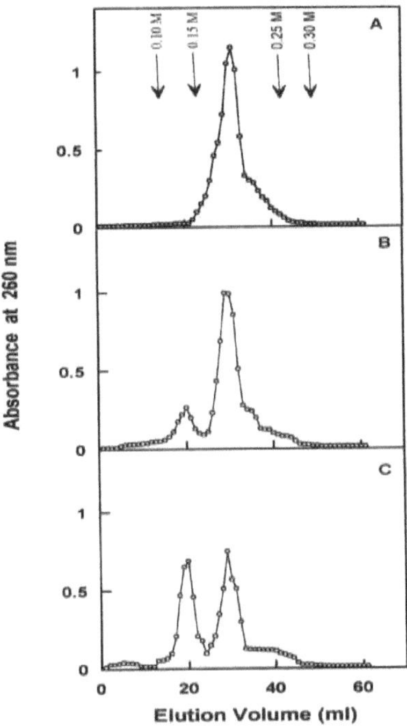

Figura 37. Cromatografia de Hydroxyapatite de DNA de tetraciclina de timo de bezerro tratado. (A) ADN nativo controlado, (B) ADN tratado na proporção molar de nucleótidos-TC de 1:5, (C) ADN tratado na proporção molar de nucleótidos-TC de 1:10.

3.5. Ensaio de Nicking Plasmid

A figura 38 (A, B & C) mostra o padrão electroforético de gel de agarose de plasmídeo tratado com tetraciclina pBR322 ADN. O tratamento do ADN super-revestido (formulário I) com TC-Cu (II) à razão 1:1 molar resulta numa transformação completa em círculo aberto relaxado (formulário II). O aumento adicional das concentrações de tetraciclina até 1 mM a uma concentração constante (100pM) de Cu (II) não traz qualquer outra alteração na forma (II). Também o tratamento apenas com tetraciclina não induz quaisquer alterações topológicas no plasmídeo. Contudo, o aumento da concentração de Cu (II) de 0,1 para 1 mM a uma concentração fixa de tetraciclina resulta na linearização das espécies de plasmídeos relaxados (Figura 38 C) (Khan *et al.*, 2003).

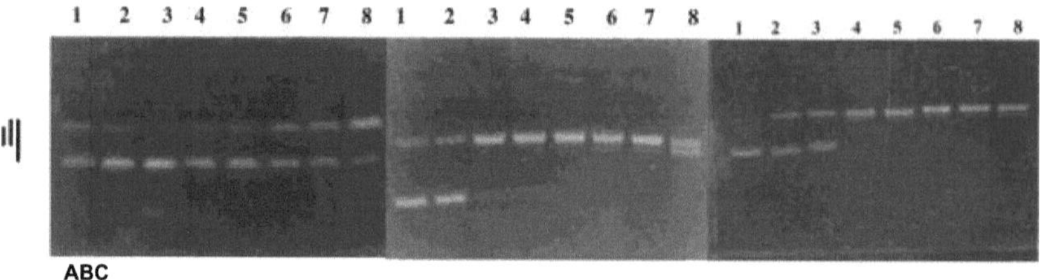

Figura 38. (A) Electroforograma de géis de agarose de plasmídeo pBR322 ADN tratado com concentrações crescentes de tetraciclina: ADN não tratado da pista 1, pistas 2-8, ADN tratado com 0,05, 0,1, 0,4, 0,6, 1,0, 1,5 e 2,0 mM TC, respectivamente. **(B)** Padrão electroforético de plasmídeo pBR322 ADN tratado com 100 pM Cu (II) e concentrações crescentes de tetraciclina: Pista 1 Controlo de ADN não tratado, pista 2, ADN tratado com 100 pM Cu (II), pistas 3-8, ADN tratado com 0,05, 0,1, 0,2, 0,4, 0,6 e 1,0 mM TC mais 100 pM Cu (II), respectivamente. **(C)** Padrão electroforético de plasmídeo pBR322 ADN tratado com 100 pM tetraciclina e concentrações crescentes de iões Cu (II): Linha 1 Controlo de ADN não tratado, linha 2, ADN tratado com 100 pM TC, linhas 3-8, ADN tratado com 0,05, 0,1, 0,2, 0,4, 0,6 e 0,8 mM Cu (II) iões Cu (II) mais 100 pM TC, respectivamente.

Resultados semelhantes foram também obtidos com os derivados de tetraciclina, *nomeadamente* CTC, OTC, DOTC e DMTC (Figuras 39). Uma redução notável na intensidade da banda correspondente à forma circular covalentemente fechada (CCC) de ADN plasmídeo ocorreu com um aumento concomitante da quantidade de espécies picadas. Além disso, a figura 39 A (faixa 5 e 6) mostra que DOTC e DMTC a 1 mM de concentração resulta na conversão completa da forma super-coilada (forma-I) em forma circular aberta (forma-II). Na presença de 100 pM Cu (II) ion, todos os cinco derivados da tetraciclina provocaram a conversão completa para a forma circular aberta (forma-II) (figura 39 B). A capacidade de nicking em plasmídeo dos derivados de tetraciclina foi determinada pela ordem DOTC=DMTC>TC>OTC>CTC.

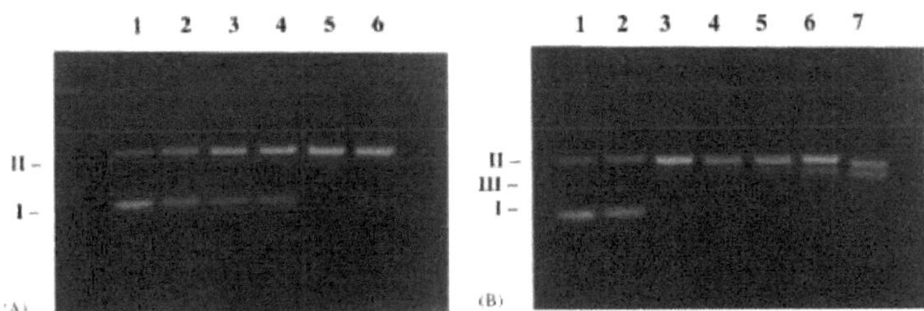

Figura 39. (A) Padrão electroforético de DNA plasmídeo pBR322 tratado com tetraciclina 1,0 mM e seus derivados sem Cu (II). Linha 1 Controlo de ADN não tratado, linhas 2-6, ADN tratado com TC, OTC, CTC, DOTC e DMTC, respectivamente. **(B)** Padrão electroforético de plasmídeo pBR322 ADN incubado com 100 pM Cu (II) e 1,0 mM de TC e seus derivados. Pista 1, Controlo de ADN não tratado. pista 2, 100 pM Cu (II), pista 3, Cu (II) + TC, pista 4 Cu (II) + OTC, pista 5 Cu (II) + CTC, pista 6 Cu (II) + DOTC, e pista 7, Cu (II) + DMTC. São indicadas as posições das espécies de ADN das formas I, II e III (Khan *et al.*, 2003).

3.6. Estequiometria das Interacções Tetraciclinas-Cu (II) e Quantificação da Produção de Cu (I) As parcelas de Trabalho mostradas na Figura 40 indicam a estequiometria da interacção tetraciclina-Cu (II). Observou-se um aumento da absorvância a 480 nm com rácios de Cu (II)-TC crescentes. A quantidade de Cu (I) produzida na mistura de reacção forma complexa com bathocuproine e absorve no máximo a 480 nm. O Cu (II) ou as tetraciclinas por si só não interferem com estes máximos de absorção. Foi observado um aumento linear da absorvância até uma razão molar de 3,5:1 de eq Cu (II)/TC e chega a um planalto a razões molares de Cu (II)-TC mais elevadas. Estudos semelhantes foram também realizados com derivados de tetraciclina e os resultados são mostrados na Figura 41 (A-D). As quantidades de Cu (I) produzidas são mostradas nas Tabelas 24-28. Os dados espectroscópicos da figura 42 A e B com tetraciclina-Cu (II) em combinação com a neocuproina e a bathocuproina indicam claramente a produção de Cu (I) na interacção tetraciclina-Cu (II). Observou-se uma absorção significativa do complexo Cu (I)-neocuproina a 450 nm em comparação com a tetraciclina-neocuproina e complexos cu (Il)-neocuproine. Também foi notado um aumento substancial na absorção a 450 nm com o complexo TC-Cu (II)-neocuproine. Padrão de absorção semelhante foi obtido com interacção tetraciclina-Cu (II) na presença de bathocuproine a 480 nm.

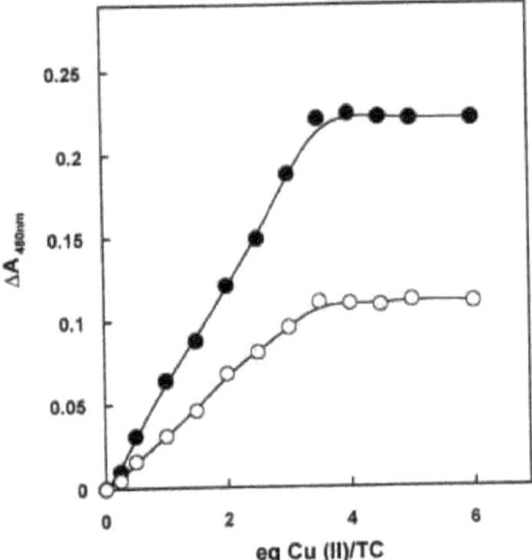

Figura 40. Estequiometria da ligação de Cu (Il)-tetraciclina em concentrações (O) 12,5 pM TC e (-) 25 pM TC. A diferença de absorção a 480 nm das amostras com e sem adição de Cu (II) é traçada em relação aos equivalentes molares de Cu (II) por TC equivalente molar. O valor da variável independente na intersecção das duas linhas é uma medida da relação de Cu (II) para TC. Ambas as curvas correspondem a 3,5 equivalentes de Cu (II) a 1 equivalente de TC.

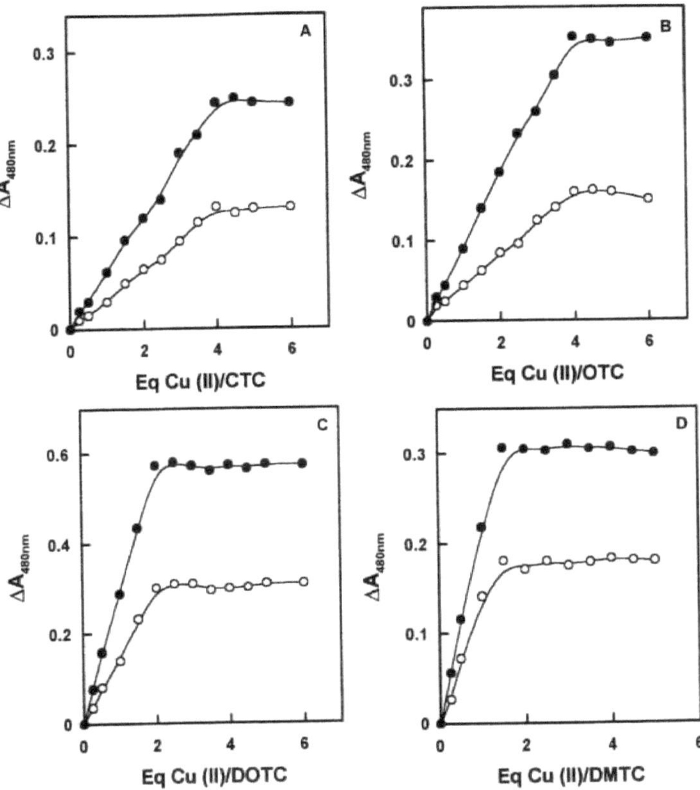

Figura 41. Estequiometria de derivados de Cu (II)-tetraciclina ligados em concentrações (O) 12,5 pM e (-) 25 pM de (A) CTC, (B) OTC, (C) DOTC e (D) DMTC respectivamente. A diferença de absorção a 480 nm das amostras com e sem adição de Cu (II) é traçada em relação aos equivalentes molares de Cu (II) por derivados de tetraciclina equivalentes molares. O valor da variável independente na intersecção das duas linhas é uma medida da relação entre o Cu (II) e os derivados de tetraciclina.

Tabela 24. Produção de Cu I) sobre interacção Tetraciclina-Cu (II)

Cu (II) acrescentado (pM)	Cu (I) produzido (pM)*	
	TC (12,5 pM)	TC (25 pM)
0.0	0.0	0.0
3.125	0.370	ND
6.25	1.185	0.741
12.5	2.296	2.296
18.75	3.407	ND
25.0	5.037	4.741
31.25	6.00	ND
37.50	7.111	6.518
43.75	8.222	ND
50.0	8.148	8.963
56.25	8.074	ND
62.50	8.296	11.037
75.0	8.222	13.926
87.50	ND	16.370
100.0	ND	16.592
112.5	ND	16.444
125.0	ND	16.370
137.5	ND	16.370

A concentração de Cu (I) foi calculada utilizando a equação $A = \varepsilon c l$ na qual a absorção molar (e) de Cu (bathocuproine)$_2+$ complexo = 13500 e comprimento do percurso (l) = 1 cm, Д A480 foi obtido de A480 da amostra com e sem adição de Cu (II). ND, não feito.

Tabela 25. Produção de Cu (I) na interacção clorotetraciclina-Cu (II)

Cu(II) acrescentado (pM)	Cu (I) produzido (pM)*	
	CTC (12,5 pM)	CTC (25 pM)
0.0	0.0	0.0
3.125	0.74	ND
6.25	1.11	1.48
12.5	2.22	2.22
18.75	3.70	ND
25.0	4.82	4.60
31.25	5.56	ND
37.50	7.04	7.11
43.75	8.52	ND
50.0	9.78	8.89
56.25	9.26	ND
62.50	9.63	10.37
75.0	9.70	14.15
87.50	ND	15.56
100.0	ND	18.15
112.5	ND	18.52
125.0	ND	18.15
137.5	ND	18.10

A concentração de Cu (I) foi calculada utilizando a equação A= ecl na qual a absorção molar(e) de Cu (bathocuproine)$_{2+}$ complexo = 13500 e comprimento do trajeto (l) = 1 cm, Д A480 foi obtido de A480 da amostra com e sem adição de Cu(II). ND, não feito.

Quadro 26. Produção de Cu (I) na interacção Oxitetraciclina-Cu (II)

Cu (II) acrescentado (pM)	Cu (I) produzido (pM)*	
	OTC (12,5 pM)	OTC (25 pM)
0.0	0.0	0.0
3.125	1.48	ND
6.25	1.85	2.22
12.5	3.34	3.33
18.75	4.67	ND
25.0	6.30	6.67
31.25	7.11	ND
37.50	9.26	10.37
43.75	10.44	ND
50.0	11.85	13.71
56.25	12.0	ND
62.50	11.85	17.26
75.0	11.12	19.26
87.50	ND	22.59
100.0	ND	26.15
112.5	ND	25.93
125.0	ND	25.56
137.5	ND	26.00

A concentração de Cu (I) foi calculada utilizando a equação A= ecl na qual a absorção molar (e) de Cu (bathocuproine)$_2$+ complexo = 13500 e comprimento do percurso (l) = 1 cm, Д A480 foi obtido de A480 da amostra com e sem adição de Cu(II). ND, não feito.

Tabela 27. Produção de Cu(I) na interacção Doxiciclina-Cu (II)

Cu (II) acrescentado (pM)	Cu (I) produzido (pM)*	
	DOTC (12,5 jiM)	*DOTC (25 M*
0.0	0.0	0.0
3.125	2.67	ND
6.25	6.00	5.78
12.5	10.37	11.78
18.75	17.18	ND
25.0	22.30	21.34
31.25	22.96	ND
37.50	22.96	32.22
43.75	21.95	ND
50.0	22.15	42.44
56.25	22.30	ND
62.50	22.96	42.96
75.0	22.96	42.37
87.50	ND	41.56
100.0	ND	42.45
112.5	ND	41.85
125.0	ND	42.59
137.5	*ND*	*42.44*

A concentração de Cu(I) foi calculada utilizando a equação A= ecl na qual a absorção molar (e) de Cu (bathocuproine)$_{2+}$ complexo = 13500 e comprimento do trajeto (l) = 1 cm, Д A480 foi obtido de A480 da amostra com e sem adição de Cu(II). ND, não feito.

Quadro 28. Produção de Cu (I) na interacção Demeclocycline-Cu (II)

Cu (II) acrescentado (pM)	Cu (I) produzido (pM)*	
	DMTC (12,5 pM)	DMTC (25 pM)
0.0	0.0	0.0
3.125	2.0	ND
6.25	5.33	4.15
12.5	10.44	8.60
18.75	13.41	ND
25.0	12.67	16.15
31.25	13.33	ND
37.50	12.96	22.67
43.75	13.26	ND
50.0	13.56	22.59
56.25	13.41	ND
62.50	13.33	22.22
75.0	ND	22.96
87.50	ND	22.59
100.0	ND	22.74
112.5	ND	22.37
125.0	ND	22.22

A concentração de Cu(I) foi calculada utilizando a equação A= ecl na qual a absorção molar (e) de Cu (bathocuproine)$_{2+}$ complexo = 13500 e comprimento do trajeto (l) = 1 cm, Д A480 foi obtido de A480 da amostra com e sem adição de Cu(II). ND, não feito.

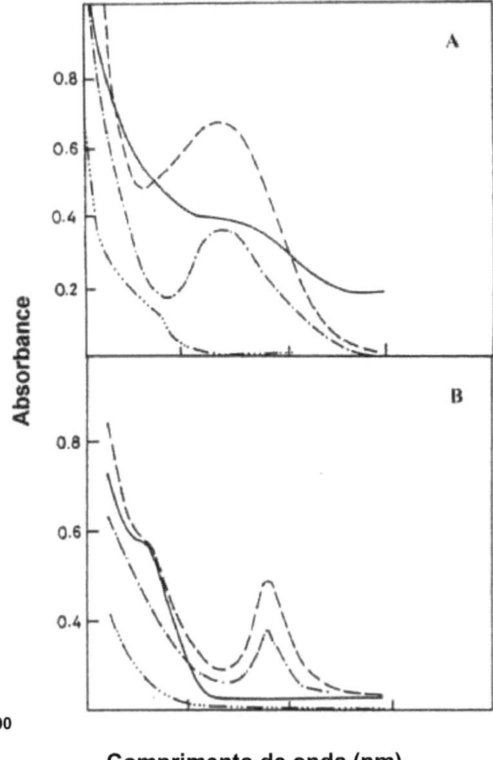

Figura 42. **(A)** Detecção da produção de Cu (I) induzida por tetraciclina por neocuproina. As curvas representam como (- - - - - -) neocuproina + Cu (II) (100 pM); (-) neocuproina + Cu (I) (10 pM); (-) TC (50 pM) + neocuproina; (---------) TC (50 pM) + Cu (II) (100 pM) + neocuproina. Neocuproina (100 pM) foi adicionado após a mistura de TC e Cu (II). **(B)**. Detecção da produção de Cu (I) induzida por tetraciclina por bathocuproine. As curvas representam como (- - - - - -) bathocuproine + Cu (II) (100 pM); (- - - -) bathocuproine + Cu (I) (10 pM); (-) TC (50 pM) + bathocuproine; (---------------------------) TC (50 pM) + Cu (II) (100 pM) + bathocuproine. A bathocuproine (100 pM) foi adicionada após a mistura de TC e Cu (II).

4. Discussão

O presente estudo demonstra a reactividade das tetraciclinas com ADN, e o papel do Cu (II) na indução da quebra do cordão de ADN. Os esquemas propostos I e II na figura 43 apresentam o mecanismo plausível da interacção tetraciclina-Cu (II) com o ADN. O mecanismo sugerido revelou a cisão em cadeia catalisada de tetraciclina-Cu (II) devido a uma possível alquilação das bases azotadas. Muito provavelmente, os danos induzidos por TC-Cu (II) no ADN ocorrem devido à (i) forte interacção resultando na formação do complexo ternário TC-Cu (II)-DNA, e (ii) formação de radicais livres induzidos por tetraciclinas na proximidade da espinha dorsal do ADN. A formação de complexo ternário induz uma mudança conformacional no ADN que leva à transição da hélice devido ao desenrolamento local. Esta desnaturação catalítica tetraciclina-Cu (II) do ADN duplex nativo foi demonstrada por cromatografia de hidroxiapatita. Sabe-se que diferenças subtis nas estruturas secundárias e terciárias dos ácidos nucleicos poderiam ser facilmente discriminadas por esta técnica baseada na distribuição diferencial dos grupos de fosfatos disponíveis no ADN para interacção com os sítios de adsorção na coluna de hidroxiapatite (Bernardi, 1971). Também o ensaio de desenrolamento alcalino utilizando hidroxiapatite como matriz de ligação do ADN sugeriu a formação de ~ 6 quebras de cordão por molécula de ADN. O ensaio baseia-se na observação de que a molécula de ADN quando exposta a condições alcalinas para além do intervalo de transição entre a hélice e a bobina (pH>11,5) será submetida à separação dos fios, ou seja, ao desenrolamento em cada ruptura formal dos fios (Daniel et *al.*, 1985) em condições experimentais controladas. A quantidade de DNA duplex restante após um determinado período de desenrolamento alcalino será inversamente proporcional ao número de quebras de cordão no início do procedimento alcalino.

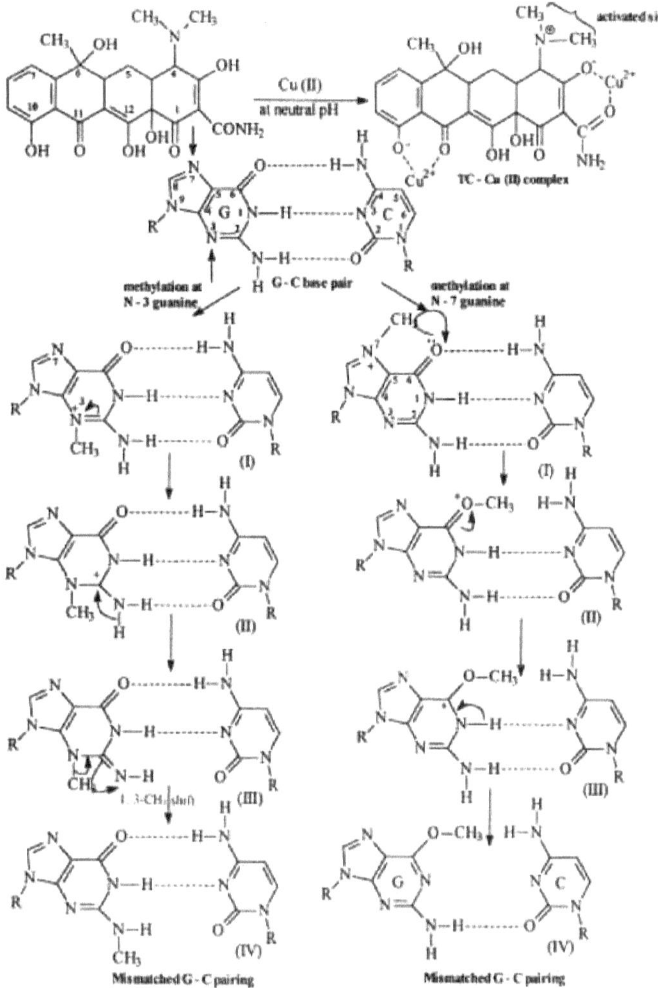

Figura 43. Esquema I: Mecanismo de interacção de tetraciclina-Cu (II) com o par de base GC no ADN (Khan *et al.,* 2003).

A formação de regiões isoladas induzidas por tetraciclinas no ADN pode também ser devida à transferência de grupos metilo de tetraciclinas para bases azotadas. A tetraciclina contém um grupo metilo em C-6 no anel-C e dois grupos metilo no átomo de azoto em C-4 do anel-A. Muito provavelmente, os grupos metilo (electrofilos) do local activado (esquema II e I) são libertados e capturados por N-7 e N-3 (posições nucleófilas) da guanina e adenina.

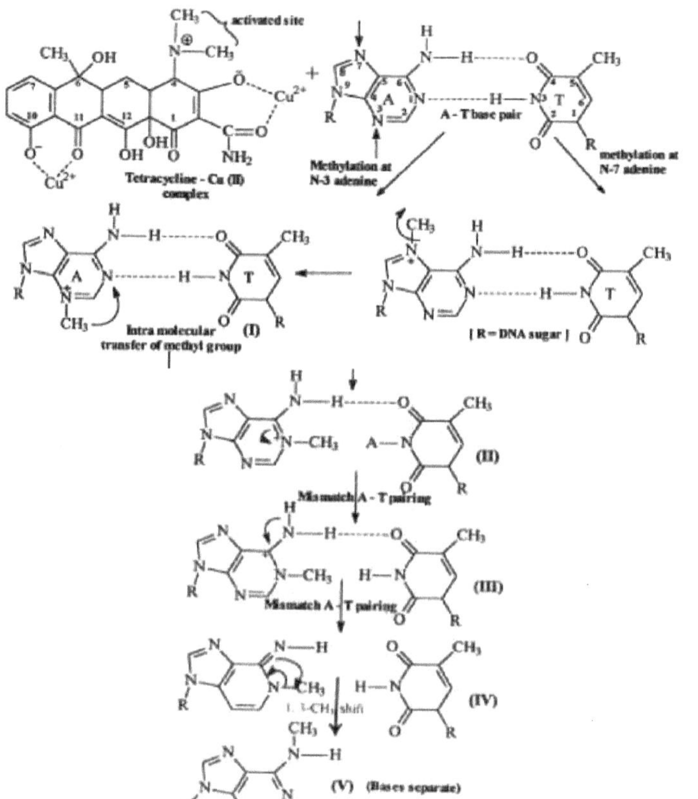

Figura 43. Esquema II: Mecanismo de interacção de tetraciclina-Cu (II) com o par base AT no ADN (Khan *et al.*, 2003).

Uma vez que a posição N-7 no anel purínico é o local preferido para a metilação, a modificação de base neste local não perturba o carácter aromático. No entanto, o carácter aromático da molécula será comprometido, caso a metilação ocorra na posição N-3, e possivelmente as bases modificadas serão sujeitas a uma tautomerização. Sabe-se que a alquilação das bases perturba o potencial normal de emparelhamento das bases e provoca alterações na configuração da espinha dorsal do fosfato, o que acaba por resultar na desestabilização da estrutura secundária do ADN. Estudos anteriores também sugerem que a desnaturação parcial do ADN alquilado ocorre a pH mais elevado através da perturbação da ligação de hidrogénio devido a uma abertura do anel de imidazol de base catalítico da guanina N-7 quarternizada. Também é relatado que a alquilação leva à desnaturação do ADN em condições neutras (Wani *et al.,* 1978). Em pH neutro, TC-Cu (II) é relatado para formar complexos em dois locais possíveis (Albert, 1985; Martin, 1986). Pelo menos um complexo de iões Cu (II) forma o oxigénio em C3 e o oxigénio do grupo amida e outro forma um complexo adicional com o oxigénio nas posições C-10 e C-11 na molécula tetraciclina. A adição de iões Cu (II) leva à geração de um electrófilo na posição C-4 da molécula tetraciclina. Dado que o grupo N-metil de tetraciclina na posição de carbono 4 é relativamente mais lábil, pode interagir preferencialmente com as bases de ADN N-7 e N-3 de purina (adenina e guanina) sem grande impedimento estéril. A metilação nestes locais sobre a guanina e a adenina resultará no desvirtuamento de GC para AT e AT para GC e também na formação de locais apurínicos/apyrimidínicos em TC-Cu (II) ADN tratado (esquemas I e II). Estudos com os agentes quelantes específicos de Cu (I) neocuproina e bathocuproina revelaram que as interacções tetraciclina-Cu (II) resultam na redução de Cu (II) para Cu (I). A neocuproina forma complexos com Cu (I) para produzir o complexo Cu (neocuproina)$_{2+}$, que tem um pico de absorção a 450 nm (Nebesar, 1964). No entanto, a bathocuproine forma um complexo de cor laranja intenso com Cu (I), que absorve no máximo a 480 nm (Joselow & Dawson, 1951).

A susceptibilidade do ADN tratado à hidrólise alcalina também sugere tetraciclina-Cu (II) alquilação induzida pelo ADN e criação de sítios apurínicos e/ou apirimidínicos na molécula de ADN. A clivagem da ligação fosfodiéster perto de cada sítio apurínico produz material solúvel em ácido sobre hidrólise alcalina (Tamm *et al.,* 1953). Assim, a libertação de material solúvel em ácido a partir do ADN tratado com TC confirmou a formação de sítios apurínicos e/ou apirimidínicos na molécula de ADN. É relatado que os resíduos de purina metilados nas posições N-3 e N-7, são libertados a um ritmo acelerado (Lawley & Warren, 1976). O aumento da hidrólise do ADN alquilado com 0,5 M NaOH sugere a formação tanto dos sítios apurínicos como dos fosfotriformes. Estes resultados estão de acordo com os estudos anteriores que demonstram que a hidrólise do ADN com 0,1 M e 0,5 M NaOH possivelmente descobre os sítios apurínicos e os fosfotriers (Shooter & Merrifield, 1976). A indução de quebras de uma só corda e sítios alcalinos labiais também foram relatados no ADN tratado com os agentes alquilantes N-nitrosourea (Su *et al.*, 1983).

As perturbações na estrutura secundária do ADN foram ainda substanciadas por um ensaio de nicking plasmídeo. A transformação do ADN plasmídeo circular (CCC forma I) covalentemente fechado em espécies de plasmídeos picados (forma-II) e lineares (forma-III) com concentração crescente de tetraciclina sugere claramente a quebra do cordão no ADN plasmídeo tratado com tetraciclina (II). Isto é consistente com estudos anteriores mostrando a quebra induzida de ADN em bacteriófagos PM2 e M13 (Mhaskar *et al.*, 1981; Piette *et al.*, 1986; Quinlan & Gutteridge, 1991; Buschfort & Witte, 1994) com TC em combinação com Cu (II), possivelmente devido à geração de radicais livres. Estudos anteriores sugeriram que a geração de radicais de oxigénio na proximidade da espinha dorsal do ADN é uma causa potencial de cisão dos fios (Graham *et al.*, 1981; Eliot *et al.*, 1984; Wong *et al.*, 1984; Chu & Orgel, 1985; Dreyer & Dervan, 1985; Goldstein & Czapski, 1986). Os antibióticos como a meticilina, bacitracina, rifamicina e tetraciclinas têm demonstrado sofrer oxidação e na presença de iões metálicos de transição como o ferro e o cobre leva à formação de espécies de oxigénio altamente reactivas (Tamm *et al.*, 1953; Khan & Musarrat, 2001). Muito provavelmente, as tetraciclinas em forma reduzida (TCH2) sofrem oxidação com uma transferência de electrões para oxigénio molecular para formar superóxido (O2) ou para iões metálicos de transição como o cobre (equação 1 e 2). Os ânions superóxidos gerados podem actuar tanto como um redutor de iões metálicos de transição como um precursor do peróxido de hidrogénio (equação 3). Finalmente, a reacção do tipo Fenton forma "radicais OH devido à reacção do

$$TCH2 \ (reduzido) + 2O2 \qquad\qquad TC \ (oxidado) + 2O2^\wedge + 2H+ \qquad (1)$$

$$TCH2 \ (reduzido) + 2Cu2+ \qquad\qquad TC \ (oxidado) + 2Cu+ + 2H+ \quad (2)$$

$$2O2- + 2H+ \qquad\qquad\qquad H2O2 + O2 \qquad\qquad (3)$$

$$Cu+ + H2O2 \qquad\qquad\qquad Cu2+ + {}_{-OH} + {}_{-OH} \qquad (4)$$

$$_{-OH} + ADN \qquad\qquad\qquad Danos \ no \ ADN \qquad\qquad (5)$$

cobre reduzido com peróxido de hidrogénio (equação 4), levando a danos no ADN.

As espécies reactivas de oxigénio geradas a partir da reacção do tipo Fenton foram relatadas como causadoras de clivagem no ADN específica do local (Buschfort & Witte, 1994). A clivagem proposta do ADN induzida por tetraciclina ocorre principalmente na presença de Cu (II). Estudos envolvendo os extintores de radicais livres tais como benzoato de sódio e manitol sugeriram claramente o papel dos - OH radicais em tetraciclina-Cu (II) induziu danos no ADN. Assim, sugere-se um efeito prejudicial combinado da tetraciclina-Cu (II) alquilação de base induzida e dos radicais livres no ADN. A alteração estrutural induzida pela tetraciclina-Cu (II) e a quebra do cordão, tal como demonstrado *in vitro,* pode também representar um risco grave para a saúde em condições intracelulares. Quaisquer defeitos na via de reparação do ADN celular podem resultar em desajustes de base, como também é evidente pelo mecanismo proposto nos esquemas I e II. Assim, uma reparação imperfeita da tetraciclina-Cu (II) induzida pelo ADN danificado pode levar a genotoxicidade e mutagénese.

BIBLIOGRAFIA

Aich, P. e Dasgupta, D. (1995) *Biochemistry* **34** (4), 1376.

Albert, A. (1956) *Nature* **177**, 433.

Albert, A. (1985). Toxicidade selectiva. Chapman and Hall, Londres.

Amado, R., Aeschbach, R. e Neukon, H. (1984) *Methods Enzymol.* Colowick, S.P. e Kaplan, N.O. (eds.) Academic Press, New York **107**, 377.

Amendola, M.A. e Spera, T.D. (1985) *Gastroenterology* **81**, 1134.

Anderson, K.E. Mardh, P.A. e Akerland, M. (1976) *Scand. J. Infect. Dis.* (Sup.) **9**, 7.

Anel, A., Calvo, M., Naval, J., Iturralde, M., Alava, M.A. e Pineiro, A. (1989) *FEBS Lett.* **250**, 22.

Angererer, L.M., Gerghiou, S. e Moudrianakis, E.N. (1974) *Biochemistry* **13**, 1075.

Anson, S.W., Li, H., Roethling, P. e Cummings, K.B. (1987) *Biochem. Biofísica. Res. Comun.* **1616**, 1191.

Arroyo, P.L., Hatch-Pigott, V., Mower, H.F. e Cooney, R.V. (1992) *Mutat. Res.* **281**, 193.

Aruoma, O.I. e Halliwell, B. (1991) *Chem. Br.* **27**, 149.

Aruoma,O.I., Halliwell, B., Gajewski, E. e Dizdaroglu, M. (1991) *Biochem. J.* **273**, 601.

Bailly, C., Suh, D., Waring, M.J. e Chaires, J.B. (1998) *Biochemistry* **37**, 1033.

Bakker-Woudenberg, IAJM., Vree, J.C., Baars, AM. E Michel, M.F. (1985) *Antimicrob. Agentes Chemother.* **28**, 654.

Bal, W., Christodoulou, J., Sadler, P.J. e Tucker, A. (1994) Iões de metal. *Biol. Med. Proc. Int. Symp.* 3rd, 43.

Barr, W.H., Adir, J.A. e Barrettson, L. (1971) *Clin. Pharmacol. Ther.* **12**, 779.

Bartlett, J.G., Bustetter, L.A. e Gorbach, S. L. (1974) Em *Doxycycline: Investigações recentes e experiência clínica*. P. 20. Pfizer Laboratories, Nova Iorque.

Barza, M., Brown, R.B., Shanks, C., Gamble, C. e Weinstein, L. (1975) *Antimicrob. Agentes Chemother.* **8**, 713.

Beesk, F., Dizdaroglu, M., Schulte-Frohlinde, D. e von Sonntag, C. (1979) *Int. J. Radiat. Biol.* **36**, 565.

Bennett, J.V., Mickelwait, J.S., Barrett, J.E., Brodie, J.L. e Kirby, W.M.M. (1965) *Antimicrob. Agentes Chemother.* **5**, 180.

Bernardi, G. (1971) *Methods Enzymol.* **21**, 95.

Bjellerup, M., Kjellstrom, T. e Ljunggren, B. (1985) *J. Invest. Dermatol.* **85**, 573.

Blank, H., Cullen, S.I. e Catalano, P. M.(1968) *Arch. Dermatol.* **97**, 1.

Boothe, J.H., Morton, J., Petisi, J.P., Wilkinson, R.G. e Williams, J.H. (1953) *J. Am. Chem. Soc.* **75**, 4621.

Brawn, K. e Fridowich, I. (1981) *Arch. Biochem. Biophys.* **206**, 414.

Bree, F., Urien, S., Nguyen, P., Tillement, J.P., Steiner, A., Vallat, M.C., Testa, B., Visy, J. e Simonyi, M. (1993) *J. Pharmacol.* **45**, 1050.

Brodersen, R. (1978) In *"Intensive care in the Newborn"* (Stern, L., Oh, W.and Friis Hansen, B. eds.) Vol II, p.331, Masson, New York.

Brodersen, R. (1979) *J. Biol. Chem.* **254**, 2364.

Brodersen, R. e Ebbesen, F. (1983) *J. Pharm. Sci.* **72**, 248.

Brodersen, R., Vorum, H., Krukow, N. e Pedersen, A.O. (1991) *Eur. J. Biochem.* **197**, 461.

Brown, D.M. e Todd, A.R. (1955) *Nucleic Acids* **1**, 444.

Brown, J.R. (1977). In. *"Estrutura, função e usos da albumina"*. (Rosenoer, V.M., Oratz, M. e Rothschild, M.A., eds.) p. 27. Pergamon, Oxford.

Brown, J.R. e Shockley, P. (1982) In *"lipid-protein interactions"* (Jost, P. e Griffith, O.H., eds.) **1**, 25. Wiley, Nova Iorque.

Burdon, R.H., Gill, V., Boyd, P.A. e Rahim, R.A. (1996) *FEBS. Lett.* **383**, 150.

Burke, T.G. e Mi, Z. (1994) *J. Med. Chem. 37* (1) 40.

Buschfort, C. e Witte, I. (1994) *Carcinogenesis* **15** (12) 2927.

Calendi, E., DiMarco, A., Reggiani, M., Scarpinato, B. e Valentini, L. (1965) *Biochim. Biofísica. Acta* **103**, 25.

Callan, W.M. e Sunderman, F.W. Jr. (1973) *Res. Commun. Chem. Pathol. Pharmacol.* **5**, 459.

Carter, D.C. e Ho, J.X. (1994) *Adv. Química de Proteína.* **45**, 153.

Cartlidge, P.H. e Rutter, N. (1986) *Arch. Dis. Criança.* **61**, 657.

Cartwright, A.C., Hatfield, H.L. e Yearder, A. (1975) *J. Antimicrob. Chemother.* **1**, 317.

Caswell, A.H. e Hutchison, J.D. (1971) *Biochem. Biofísica. Res. Comun.* **42** (1), 43.

Chaires, J.B., Satyanarayana, S., Suh, D., Fokt, I., Przewloka, T. e Priebe, W. (1996) *Biochemistry* **35**, 2047.

Chaires, J.B. (1998) *Curr. Opinião. Struc. Biol.* **8**, 314.

Chamouara, J.M., Barre, J., Urien, S., Houin, G. e Tillement, J.P. (1985) *Biochem. Pharmacol.* **34** (10), 1695.

Chen, Y-H., Yang, J.T. e Martinez, H.M. (1972) *Biochemistry* **11**, 4120.

Chignell, C. F. (1972) *Methods Pharmacol.* **2**, 33.

Chin, D., Kuehl, L. e Rechsteiner, M. (1982) *Proc. Natl. Acad. Sci., U.S.A.* **79**, 5857.

Chopra, I. (1994) *Antimicrob. Agentes Quimioterápicos.* **38**, 637640.

Chopra, I. e Howe, T.G.B. (1978) *Microbiol. Rev.* **42**, 707.

Chu, B.C.F. e Orgel, L.E. (1985) *Proc. Natl. Acad. Sci., U.S.A.* **82**, 963.

Cistola, D.P. e Small, D.M. (1991) *J. Clin. Invest.* **87**,1431.

Clark, I.A., Cowden, W.B. and Hunt, N.H. (1985) *Med. Res. Rev.* **5**, 297.

Cohlan, S.Q., Bevelander, G. e Tiamsic, T. (1963) *Amer. J. Dis. Child* **105**, 453.

Connamacher, R.H. e Mandel, H.G. (1965) *Biochem. Biofísica. Res. Comun.* **20**, 98103.

Cooper, J.K. e Gardner, C. (1989) *J. Am. Geriatr. Soc.* **37**, 1039.

Creeth, J.M. (1952) *Biocchem. J.* **56**, 10.

Cullen, S.I., Catalano, P.M. e Helfman, R.J. (1966) *Arch. Dermatol.* **93**, 77.

Cunha, B.A., Sibley, C.M. e Ristuccia, A.M. (1982) *Doxycycline. Ther. Drug Monitor.* **4**, 115.

Curry, S., Mandelkow, H., Brick, P. e Franks, N. (1998) *Nat. Estruturas. Biol.* **5**, 827.

Curry, S., Brick, P. e Franks, N.P. (1999) *Biochim. Biófilos. Acta* **1441**, 131.

D'Ambrosio, S.M., Wani, G. , Samuel, M., Gibson-D'Ambrosio, R. e Wani, A.A. (1990) *Basic Life Sci.* **53**, 397.

D'Ambrosio, S.M., Oberyszyn, T.M., Ross, M.S. e Robertson, F.M. (1997) *Biochem. Biofísica. Res. Comun.* **233** (2), 545.

D'Ambrosio, S.M., Gibson-D'Ambrosio, R.E., Brady, T., Oberyszyn, A.S. e Robertson, F.M. (2001) *Environ. Mol. Mutagenesis* **37** (1) 46.

Daniel, F.B., Hass, D.L. e Pyle, S.M. (1985) *Anal. Biochem.* **144**, 390.

Davies, A.K., McKellar, J.F., Phillips, G.O. e Reid, A.G. (1979) *J. Chem. Soc. Perkin II.* **12**, 369.

Davies, K.J.A. (1985) In: *Cellular and Molecular Aspects of Aging (Aspectos Celulares e Moleculares do Envelhecimento): The Red Cell as a Model* (Eaton, J.W., Konzen, D.K. e White, J.G., eds.) p. 15, Alan R. Liss, Liss, Inc., New York.

Davies, K.J.A. (1986) *Free Radical Biol. Med.* **2**, 155.

Davies, K.J.A. (1987) *J. Biol. Chem.* **262**, 9895.

Davies, K.J.A. e Delsignore, M.E. (1987) *J. Biol. Chem.* **262**, 9908.

Davies, K.J.A., Delsignore, M.E. e Lin, S.W. (1987) *J. Biol. Chem.* **262**, 9902.

Dean, R.T., Robert, C.R. e Forni, L.G. (1984) *Biosci. Rep.* **11**, 1017.

Dieter, P., Krause, H. e Schulze, S.A. (1990) *Eicosanoids* **3**, 45.

DiMarco, A., Arcamone, F. e Zunino, F. (1975) In *Antibiotics II- Mechanism of Action of Antimicrobial and Antitumor Agents* (Corcoran, J.W. e Hahn, F.E., eds.) pp 101, SpringerVerlag, West Berlin.

Dimmling, T. (1960) *Antibiot. Anual* **350**, 1959.

Dipple,A. (1995) *Carcinogénese* **16** (3), 437.

Dizdaroglu, M., Schulte-Frohlinde, D. e von Sonntag, C. (1977) *Int. J. Radiat. Biol.* **32**, 481.

Dizdaroglu, M. (1986) *BioTechniques* **4**, 536.

Dizdaroglu, M. (1991) *Free Rad. Biol. Med.* **10**, 225.

Dizdaroglu, M.(1993): Química dos danos radicais livres ao ADN e às nucleoproteínas. In: *ADN e Radicais Livres* (Halliwell, B. e Aruoma, O.I., eds.) p. 19, Ellis Horwood, Chichester.

Dornbusch, K. (1976) *Scand. J. Infect. Dis.* (Sup.) **9**, 47.

Dreyer, G.B. e Dervan, P.B. (1985) *Proc. Natl. Acad. Sci.* U.S.A. **82**, 968.

DuBuy, H.G. e Showacre, J.L. (1961) *Science* **133**, 196.

Duggar, B.M. (1948) *Ann. N.Y. Acad. Sci.* **51**,177.

Egle, J. L. (1995) *Principles of Pharmacology. Conceitos básicos e aplicações clínicas.* p. 1319. Chapman and Hall, Inc., New York, E.U.A.

Eliasson, R. e Malmborg, A.S. (1976) *Scand. J. Infect. Dis.* (Sup.) **9**, 32.

Eliot, H., Gianni, L. e Myers, C. (1984) *Biochemistry* **23**, 928.

Elliott, E.G. e Armstrong, M.F. (1972) *Clin. Pharmacol. Ther.* **13**, 459.

Elmore, M.F. e Rogge, J.D. (1981) *Gastroenterology* **81**, 1134.

Epe, B., Hegler, J. e Wild, D. (1989) *Carcinogenesis* **10**, 2019.

Epstein, J.H., Tuffanelli, D.L., Seibert, J.S. e Epstein, W.L. (1976) *Arch. Dermatol* **112**, 661.

Fabre, J., Milek, E. e Kalkopoulos, P. (1971) Kinetics of Tetracyclines in man II. Excreções, penetração nos tecidos normais e inflamatórios, comportamento em insuficiência renal e hemodiálise. *Schweiz. Med. Wschr.* **101**, 625.

Fee, J. A. e Valentine, J.S. (1977) Chemical and physical properties of superoxide.In: *Superóxido e superóxido dismutase.* (Michelson, A.M., Mc Cord, J.M. e Fridovich, I., eds.) p.19, Academic press , New York.

Fehske, K.J., Muller, W.E. e Wollert, U. (1981) *Biochem. Pharmacol.* **30** (7), 687.

Fenton, H.J.H. (1894) *J. Chem. Soc.* **65**, 899.

Finkelstein, E., Rosen, G.M. e Rauckman, E.J. (1980) *Arch. Biochem. Biophys.* **200**, 1.

Finlândia, M. e Garrod, L.P. (1960) *Brit. Med. J.* **2**, 959.

Finlay, A.C., Hobby, G.L., Pan, S.Y., Regna, P.P., Routien, J.B., Seeley, D.B., Shull, G.M., Sobin, B.A., Solomons, I.A., Vinson, J.W. e Kane, J.H. (1950) *Science* **111**, 85.

Fligiel, S.E., Lee, E.C., McCoy, J.P., Johnson, K.J. e Varani, J. (1984) *Am. J. Pathol.* **115**, 418.

Florença, T.M. (1990) *Proc. Natl. Soc. Aust. Annu. Conf.* **15**, 88.

Fogh-Anderson, N. (1977) *Clin. Chem.* **23**, 2122.

Folin, O. e Ciocalteu, V. (1972) *J. Mol. Biol.* **73**, 627.

Fonda, M.L., Trauss, C. e Guempel, U.M. (1991) *Arch. Biochem. Biophys.* **288**, 79.

Forster, W., Bauer, E., Schutz, H., Berg, H., Akimenko, M., Minchenkova, L.E., Eudokimov, Yu.M. e Warsnavsky, V. M. (1979) *Biopolymers* **18**, 625.

Frank, S.B., Cohen, J.H. e Minkin, W. (1971) *Arch. Dermatol.* **103**, 520.

Fridovich, I. (1978) *Science* **201**, 875.

Friedberg, E.C. (1985) DNA Repair, p.614 Freeman, W.H. and Co., publications, New York.

Fritzsche, H., Akhebat, A., Taillandier, E., Rippe, K. e Jovin, T.M. (1993) *Nucleic acids Res.* **21**(22) 5085.

Frost, P., Weinstein, G.D. e Gomez, E.C. (1971) *J. A. M. A.* **216**, 326.

Frost, P., Weinstein, G.D. e Gomez, E.C. (1972) *Arch. Dermatol.* **105**, 681.

Gabbay, E.J., Grier, D., Fingele, R., Reiner, R., Pearce, S.W. e Wilsin, W.D. (1976) *Biochemistry* **15**, 2062.

Gale, E.F., Cundliffe, R., Reynolds, P.E., Richmond, M.H. e Waring, M.J. (1981) *The Molecular basis of Antibiotic Action,* p. 448, John Wiley and Sons New York.

Gibson-D'Ambrosio, R.E., Leong, Y. e D'Ambrosio, S.M. (1983) *Cancer Res.* **43**, 5846.

Gnarpe, H., Dornbusch, K. e Hagg, O. (1976) *Scand. J. Infect. Dis.* (Sup.) **9**, 54.

Goldberg, I.H., Beerman, T.A. e Poon, R. (1977) *Cancer* (Becker, F.F., ed.) **5**, 427. Plenum Press, Nova Iorque.

Goldman RA, Hasan,T., Hall, C.C., Strycharz, W.A. e Cooperman, B.S. (1983) *Biochemistry* **22**, 359.

Goldstein, S. e Czapski, G. (1986) *J. Am. Chem. Soc.* **108**, 2244.

Goumakos, W., Laussac, J.P. e Sarkar, B. (1991) *Biochem. Cell Biol.* **69**, 809.

Graf, E., Mahoney, J.R., Bryant, R.G. e Eaton, J.W. (1984) *J. Biol. Chem.* **259**, 3620.

Graham, D.R., Marshall, L.E., Reich, L.E. e Sigman, D.S.(1981) *J. Am. Chem. Soc.* **102**, 5421. Grassi, G.G. e Sabath, L.D. (1981) Tetracyclines: Aspectos químicos e algumas relações estrutura-actividade.

In: *Antimicrobial therapy,* (Grassi, G.G. and Sabath, L.D., eds,) Elsevier, Amsterdam.

Green, M.J. and Hill, H.A.O.(1984) *Methods Enzymol.* **105**, 3.

Green, R., Brown, Jr. e Calvert, R.T. (1976) *Eur. J. Clin. Pharmac.* **10**, 245.

Gregory, E.M., Yost, Jr., F.M. e Fridovich, I. (1973) *J. Bacteriol.* **115**, 987.

Gutteridge, J.M.C. e Wilkins, S.J. (1983) *Biochim. Biófilos. Acta* **759**, 38.

Haber, F. e Weiss, J.J. (1934) *Proc. R. Soc. Londres* (Biol) A **147**, 332.

Haeggstrom, J., Fitzpatrick, F., Radmark, O. e Samuelsson, B. (1983) *FEBS Lett.* **164**, 181.

Halliwell, B. e Gutteridge, J.M.C. (1984) *Biochem. J.* **219**, 1.

Halliwell, B. e Gutteridge, J.M.C. (1986) *Arch. Biochim. Biófilos.* **246**, 501

Halliwell, B. e Gutteridge, J.M.C. (1988) *ISIAtlas Sci. Biochem.* **1**, 48.

Halliwell, B. e Aruoma, O.I. (1991) *FEBS. Lett* **291**, 9.

Halliwell, B. e Gutteridge, J.M.C. (1992) *FEBS. Lett.* **307** (1), 108.

Harris, E.D. (1992) *FASEB J.* **6**, 2675.

Hasan, T., Kochevar, I.E., McAuliffe, D.J., Cooperman, B.S. e Abdulah, D. (1984). *J. Invest. Dermatol.* **83**, 179.

Hazra, D.K. e Steenken, S. (1983) *J. Amer. Chem. Soc.* **105**, 4380.

He, X.M. e Carter, D.C. (1992) *Nature* **358**, 209.

Heinsohn, C., Polgar, P., Fishman, J. e Taylor, L. (1987) *Arch. Biochim. Biophys.* **257**, 251. Herve, F., Grigorova, A.M., Rajkowski, K. e Cittanova, N. (1982) *Eur. J. Biochem.* **122**, 609. Hlavka, J.J. and Boothe, J.H. (1985) *The tetracyclines, Hand book of experimental pharmacology* 78, p 331. Springer-Verlag, Hedelberg.

Hogenaur, G. e Turnowsky, F. (1972) *FEBS Lett.* **26**, 185.

Hojer, H. e Wetterfors, J. (1976) *Scand. J. Infect. Dis.* (Sup.) **9**, 100.

Holvey, D.N., Iles, R.L. e Lapiana, J.C. (1969) *Curr. Ther. Res. Clin. Exp.* **11**, 695.

Hultmark, D., Borg, K.O., Elofsson, R. e Palmer, L. (1975) *Acta Pharm. Suec.* **12**, 259.

Humphreys, W.G., Kadlubar, F.F. e Guengerich, F.P. (1992) *Proc. Natl. Acad. Sci.,* USA. **89**, 8278.

Hunter, M.J. (1966) *J. Phys. Chem.* **70**, 3285.

Isildar, M., Schuchmann, M.N., Schulte-Frohlinde, D. e von Sonntag, C. (1982) *Int. J. Radiat. Biol.* **41**, 525.

Jacobsen, C (1972) *Eur. J. Biochem.* **27**, 513.

Jonas, M., Comer, J.B. e Cunha, B.A. (1984) *Antimicrobioterapia.* (Ristuccia, A.M. e Cunha, B.A, eds.)

Raven press, New York.

Joselow, W.M. e Dawson, C.R. (1951) *J. Biol. Chem.* **191**, 11.

Joshi, U.M., Rao, K.S. e Mehendale, H.M. (1987) *Int. J. Biochem.* **19**, 1029.

Jung, Y. e Surh, Y. (2001) *Free Rad. Biol. Med.* **30**, 1407.

Jusko, W.J. e Gretch, M. (1976) *Drug Metab. Rev.* **5**, 43.

Kadlubar, F.F. (1994) DNA adducts de aminas aromáticas cancerígenas. Em *adutos de ADN: Identificação e Significado Biológico.* (Hemminki, K., Dipple, A., Shuker, D.E.G., Kadlubar, F.F., Segerback, D. e Bartsch, H. eds.) p.199, IARC.

Kanter, P.M. e Schwartz (1979) *Anal. Biochem.* **97**, 77.

Kapusnik-Uner, J.E., Sande, M.A. e Chambers, H.F. (1996*) The Pharmacological Basis of Therapeutics* (IX eds.) p. 1123. The Mc Graw-Hill Companies.

Keen, P.M. (1966) *Biochem. Pharmacol.* **15**, 447.

Khan, M.A. Muzammil, S. e Musarrat, J. (1998) *Biochem. Mol. Biol. Int.* **46** (5), 943.

Khan, M.A. e Musarrat, J. (2002) *Comp. Biochem. e Physiol.* **131**, 439.

Khan, M.A., Muzammil S. e Musarrat, J. (2002) *I.J.B.M.* **30**, 243.

Khan, M.A. e Musarrat, J. (2003) *I.J.B.M.* **33**, 49.

Khan, M.A., Mustafa J. e Musarrat, J. (2003) *Mut. Res.* **525**, 109.

Kirby, W.M., Roberts, C.E. e Burdick, R.E. (1962) *Antimicrob. Agentes Chemother.* 286.

Kline, A.H., Blattner, R.J. e Lunin, M. (1964) *J. A. M. A.* **188**, 178.

Klotz, I.M. e Ayers. (1953) *Faraday Soc.* **13**, 189.

Kohn, K.W. (1961) *Nature* **191**, 1156.

Kragh-Hansen, U. (1981) *Pharmacol. Rev.* **33**, 17.

Kragh-Hansen, U. (1985) *Biochem. J.* **225**, 629.

Kragh-Hansen, U. (1990) *Dan. Med. Bull.* **37**, 57.

Kragh-Hansen, U., Brennan, S.O., Minchiotti, L. e Galliano, M.(1994) *Biochem. J.* **301**, 217.

Kunelis, C.T., Peters, J.L. e Edmondson, H.A. (1965) *Amer. J. Med.* **38**, 359.

Kunin, C.M., Rees, S.B., Mend, J.P. e Finlândia, M. (1959) *J. Clin. Invest.* **38**, 1487.

Kunnin, C.M. (1965) *J. Lab. Clin. Med.* **65**, 406.

Lacko, L., Korinek, J. e Burger, M. (1959) *Clin. Chim. Acta* **4**, 800.

Laemmli, U.K. (1970) *Nature* **227**, 680.

Lang, W. (1971) Pharmacokinetics of minocycline. *Proc. Minociclina Symp. Alemanha.* 27.

Lappin, G. e Clark, L. (1951) *Anal. Chem.* **23**, 541.

Larcom, L.L., Dodds, E.G. e McNeill, W.F. (1981) *Photobiochem. Photobiophys.* **2**, 181.

Lau, S.J., Kruck, T.P.A. e Sarkar, B. (1974) *J. Biol. Chem.* **249**, 5878.

Lawley, P.D. (1966) *Prog. Nucleic Acid Res. Mol. Biol.* **5**, 89.

Lawley, P.D. (1984) Carcinogénese por agentes alquilantes. Em *Chemical Carcinogens* (Searle, C.E. eds.), p. 325. *Am. Chem. Soc.*

Lawley, P.D. e Brookes, P. (1961) *Nature* **192**, 1081.

Lawley, P.D. e Brookes, P. (1963) *Biochem. J.* **89**, 127.

Lawley, P.D. e Warren, W. (1976). *Chem. Biol. Interacção.* **12**, 211.

Lawrence, J.J. e Daune, M. (1976) *Biochemistry* **15**, 3301.

Leiboautz, B., Hakes, J.I. e Chan, M.M. (1978) *Curr. Ter. Res. Clin. Exp.* **14**, 820.

Lepper, M.H., Wolfe, C.K. e Zimmerman, H.J. (1951) *Arch. Estagiário. Med.* **88**, 271.

Lerman, L.S. (1961) *J. Mol. Biol.* **3**, 18.

Lesko, S.A., Lorentzen, R.J. e Ts'o, P.O. P. (1980) *Biochemistry* **19**, 3023.

Lesko, S.A., Drocourt, J.-L. e Yang, S.-U. (1982) *Biochemistry* **21**, 5010.

Lev, W., David, K., Esther, R. e Israel, S. (1994) *Biochem. Biofísica. Research Commun.* **198**, 915.

Levine, R.L. (1977) *Clinical Chemistry* **23**, 2292.

Levine, R.L. (1983) *J. Biol. Chem.* **258**, 11823.

Levine, R.L., Oliver, C.N., Fulks, R.M. e Stadman, E.R. (1981) *Proc. Natl. Acad. Sci,* USA. **78**, 2120.

Li, A.S.W., Chignell, C.F. e Hall, R.D. (1987) *Photochem. Photobiol.,* **46**,379.

Lindup, W.E. (1987) *Prog. Droga. Metab.* **10**, 141.

Liu, Y., Tidwell, R.R. e Leibowitz, M.J. (1994) *J. Euk. Microbiol.* **41**, 3138.

Loeb, G.I. e Scheraga, H.A. (1956) *J. Biol. Chem.* **60**, 1633.

Longsworth, L.G. e Jacobsen, C.F. (1949) *J. Phys. Colloid Chem.* **53**, 126.

Loo, J.A., Edmonds, C.G. e Smith, R. D. (1991) *Anal. Chem.* **63**, 2488.

Loveless, A. (1969) *Nature* **223**, 206.

Lowry, O.H., Rosebrough, N.J., Farr, A.C. e Rendall, R.J. (1951) *J. Biol. Chem.* **193**, 265.

Lucas-Lenard, J. e Haenni, A. (1968) *Proc. Natl. Acad. Sci.* USA. **59**, 554.

Marsden, C.D. (1987) Wilson's Disease. *Quart. J. Med. Nova série* **65**, 959.

Martin, R.B. (1986). Tetraciclinas e daunorubicina. Em *iões de metal em sistemas biológicos: Antibióticos e seus complexos* (Sigel, H. eds.), p.19, Marcel Dekker, Nova Iorque.

Martin, J.P.Jr., Colina, K. e Logsdon, N. (1987) *Journal of Bacteriology* **169**, 2516.

McCord, J.M. (1974) *Science* **185**, 529.

McDonald, H., Kelly, R.G. e Allen, E.S. (1973) *Clin. Pharmacol. Ther.* **14**, 852.

McGhee, J.D. e von Hippel, P.H. (1974) *J. Mol. Biol.* **86**, 469.

McLachlan, A.D. e Walker, J.E. (1977) *J. Mol. Biol.* **112**, 543.

McMillan, D.E. (1974) *Biopolymers* **13**, 1367.

Mee, L.K. e Adelstein, S.J. (1981) *Proc. Natl. Acad. Sci., USA* **78**, 2194.

Mendel, C.M., Miller, M.B., Sitteri, P.K. e Muraj, J.T. (1990) *J. Steroid Biochem. Mol. Biol.* **37**, 245.

Merrikin, D.J., Briant, J. e Rolinson, G.N. (1983) *J. Antimicrob. Chemother.* **11**, 233.

Mhaskar, D.N., Chang, M.J., Hart, R.W. e D'Ambrosio, S.M. (1981) *Cancer Res.* **41** (1), 223.

Milch, R.A., Rall, D.P. e Tobie, J.E. (1958) *J. Bone and Joint Surg.* **40**, A, 897.

Miller, I. e Gemeiner, M. (1993) *Electrophoresis* **14**, 1312.

Mir, M.M., Fazili, K.M. e Qasim, M.A. (1992) *Biochim Biophys Acta* **1119**, 261.

Mitscher, L.A.(1999) *Principles of medical chemistry* (IV eds.) p. 759, Waverly International, Baltimore, Maryland, E.U.A.

Monboisse, J.C., Braquet, C.R., Randous, A. e Borel, J.P. (1983) *Biochem. Pharmacol* **32**, 53.

Moore, W.E. e Foster, J.F. (1968) *Biochemistry* **7**, 3409.

Moore, D.E., Fallon, M.P. e Burt, C.D.(1983) *Int. J. Pharmacol.* **14**, 133.

Moreno, F., Cortijo, M. e Gonzalez-Jimenez, J. (1999) *Photochem. Photobiol.* **69** (1), 8.

Morimoto, Y. e Fujimoto, S. (1985) *Critérios. Rev. Therp. Drug Carrier Sys.* **2**, 19.

Moschel, R.C., Hudgins, W.R. e Dipple, A. (1979) *J. Org. Chem.* **44**, 3324.

Moser, P., Squire, P.G. e O'Konski, T.O. (1966) *J. Phys. Chem.* **70**, 744.

Muller, WE. e Wollert, U. (1979) *Pharmacol.* **19**, 59.

Muller, W. and Crothers, D.M. (1968) *J. Mol. Biol.* **35**, 251.

Murphy, T. (1975) *Biochem. Biofísica. Res. Comun.* **65**, 1107.

Nakayama, T., Kimura, T., Kodama, M. e Nagata, C. (1983) *Carcinogenesis* **4** (6), 765.

Nassi-Calo, L., Mello-Filho, A.C. e Menenghini, R.O. (1989) *Carcinogenesis* **10**, 1055.

Neault, J.F. e Tajmir-Riahi, H.A. (1998) *Biochim. Biófilos. Acta.* **1384** (1), 153.

Nebesar, B. (1964) *Anal. Chem.* **36**, 1961.

Neuvonen, P.J. (1976) *Drugs* **11**, 45.

Nilsson, R., Swanbeck, G. e Wennersten, G. (1975) *Photochem. Photobiol.* **22**, 183.

Nouda, H., Tamai, I., Terasaki, T. e Tswji, A. (1986) *J. Pharm. Dyn.* **9**, s-134.

Novo, E. e Esparza, J. (1979) *J. Gen.Virol.* **42**, 323.

Oleinick, N.L., Chiu, S., Ramakrishnan, N. e Xue, L. (1987) *Br. J. Cancer* **55** Suppl. VIII, 135.

Oliva, B., Gordon, G. e McNicholas, P. (1992) *Antimicrob. Agentes Chemother.* **36**, 913.

Olufemi, O.S., Humes, P., Whittaker, P.G., Read, M.A., Lind, T. e Halliday, D. (1990) *Eur. J. Clin. Nutr.* **44**, 351.

Oosterlink, W., Wallinjn, E. e Wijndaele, J.J. (1976) *Scand. J. Infect. Dis.* (Sup.) **9**, 85.

Orentreich, N., Harber, L.C. e Tromovitch, T.A. (1961) *Arch. Dermatol.* **83**, 730.

Osol, A. e Pratt, R. (1973) *Bulletin of N. Y. Acad. Of Medicine.* USA **54**, 141.

Pace, C.N., Vajdos, F., Free, L., Grimsley, G. e Gray, T. (1995) *Protein Sci.* **4**, 2411.

Pachter, J.A., Huang, C-H., DuVernary, V.H., Prestayko, A.W. e Crooke, S.T. (1982) *Biochemistry* **21**, 1541.

Paoletti, J., Magee, B.B. e Magee, P.T. (1977) *Biochemistry* **16**, 351.

Patel, D.J. e Canuel, L.L. (1978) *Eur. J. Biochem.* **90**, 247.

Pato, M.L. (1977) *Antimicrob. Agentes Quimioterápicos.* **11,** 318.

Peacocke, A.R. e Skerrett, J.N.H. (1956) *Trans. Faraday Soc.* **52**, 261.

Pedersen, A.O., Schonheyder, F. e Brodersen, R. (1977) *Eur. J. Biochem.* **72**, 213.

Perahia, D., Pullman, A. e Pullman, B. (1977) *Theoret. Chim. Acta* **43**, 207.

Peters, T. Jr. (1985) *Adv. Químico de Proteína.* **37**, 161.

Peters, T. Jr. (1992) "Albumina: Uma visão geral e bibliografia", *2ª ed. Miles Inc.",* *2ª ed.* Diagnostics division, Kankakee, Illinois.

Peters, T. Jr. (1996) *Tudo sobre a albumina. Biochemistry, Gentics and Medical Applications,* Academic Press, Inc., *Biochemistry, Gentics and Medical Applications,* Academic Press, Inc. Nova Iorque.

Peters, T. Jr. e Blumenstock, F.A. (1967) *J. Biol. Chem.* **242**, 1574.

Piette, J., Decuyper, B.S. e van de Vorst, A. (1986) *J. Invest. Dermatol.* **86**, 653.

Pigram, W.J., Fuller, W. e Hamilton, L.D. (1972) *Nature New Biol.* **235**, 17.

Plumbridge, T. e Brown, J. (1977) *Biochim. Biófilos. Acta* **479**, 441.

Popov, P.G., Vaptzarova, K.I., Kossekova, G.P. e Nikolov, T.K. (1972) *Biochem. Pharmacol.* **21**, 2363.

Pryor, W.A. (1984) In: *Free Radicals in Molecular Biology , Aging and Disease.* (Armstrong, D., Sohal,

R.S., Cutler, R.G. e Slater, T.F. eds.) p 13, Raven press, New York.

Quinlan, G.J. e Gutteridge, J.M.C. (1991) *Biochem. Pharmacol.* **42**, 1595.

Rabilloud, T., Asselineau, D. e Darmon, M. (1988) *Mol. Biol. Rep.* **13**, 213.

Rahman, M.H., Maruyama, T., Okada, T., Yamasaki, K. e Otagiri, M. (1993) *Biochem. Farmacol.* **46** (10) 1721.

Rall, D.P., Loo, T.L., Lane, M. e Kelly, M.G. (1957) *J. Nat. Cancer Inst.* **19**, 79.

Reading, R.F., Ellis, R. e Fleetwood, A. (1990) *Early Human Dev.* **22**, 81.

Reboud, A.M., Dubost, S. e Reboud, J.P. (1982) *Eur. J. Biochem.* **124**, 389.

Rebout, AM, Dubost, S. e Rebond, JP. (1982) *Eur. J. Biochem.* **124**, 389.

Record, M.T., Lohman, T.M. e DeHaseth, P. (1976) *J. Mol. Biol.* **107**, 145.

Reed, R.G., Feldnoff, R.C., Clute, O.L. e Peters, T. Jr. (1975) *Biochemistry* **14**, 4578.

Richards, F.M. (1985) *Methods Enzymol.* **115**, 440.

Richards, E.W., Hamm, M.W., Fletcher, J.E. e Otto, D.A. (1990) *Biochim. Biófilos. Acta* **1044**, 361.

Richmond, R., Halliwell, B., Chaun, J. e Darbre, A. (1981) *Anal. Biochem.* **118**, 328.

Robinson, B.S., Baisted, D.J. e Vance, D.E. (1989) *Biochem. J.* **264**, 125.

Rogers, J., Chang, A.H. e VonAhsen, U. (1996) *J. Mol. Biol.* **259**, 916925.

Rokos, J., Burger, M. e Prochezka, P. (1958) *Nature* **181**, 1201.

Routledge, M.N., Wink, D.A., Keefer, L.K. e Dipple, A. (1994) *Chem. Res. Toxicol.* **7**, 628.

Rowley, D.A. e Halliwell, B. (1983) *Biochim. Biófilos. Acta.* **761**, 86.

Ruhen, R.W. e Tandon, M.K. (1976) *Med. J. Aust.* **2**, 151.

Rydberg, B. (1980) *Radiat. Res.* **81**, 492.

Sandberg, S., glette, J., Hopen, G. e Selberg, C.O. (1984) *Photochem. Photobiol.* **39**, 43.

Sarkar,B. (1983) *Life Chem. Rep.* **1**, 165.

Scatchard, G. (1949) *Ann. N. Y. Acad. Sci.* **51**, 660.

Schneider, A.S., Herz, R. e Sonenberg, M.(1983) *Biochemistry* **22** (7), 1680.

Schneider, W.C. (1957) In: *Métodos Enzymol.* **3**, p. 680.

Schorr, W.F. e Monash, S. (1963) *Arch. Dermatol.* **88**, 134.

Schuessler, H. e Schilling, K. (1984) *Int. J. Radiat. Biol.* **45**, 267.

Schultz, J.C., Adamson, J.S.Jr., Workman, W.W. e Norman, T.D. (1963) *New Engl. J. Med.* **269**, 999.

Shasby, D.M., Lind, S.E., Shasby, S.S., Goldsmith, J.C. e Hunninghake, G.W. (1985) *Blood* **65**, 605.

Shaw, C.F.III. (1979) *Inorg. Perspect. Biol. Med.* **2**, 287.

Shi, X., Mao, Y., Knapton, A.D., Ding, M., Rojansakus, Y., Gannett, P.M., Dalal, N. e Liu, K. (1994) *Carcinogénese* **15**, 2475.

Shooter, K.V. e Merrifield, R.K. (1976) *Chem. Biol. Interacção* **13**, 223.

Shyu, W.C., Quintiliani, R., Nightingale, C.H. e Dudley, M.N. (1988) *Antimicrob. Agentes Chemother.* **32** 128.

Sies, H. (1985) In *Oxidative stress* (Sies, H. eds.), p. 1, Academic Press, Londres.

Singer, B. (1985) *Environ. Health Perspect* **62**, 41.

Singer, B. e Essigmann, J.M. (1991) *Carcinogenesis* **12**, 949.

Singer, B. e Grunberger, D. (1983) *Molecular Biology of Mutagens and Carcinogens*. Plenum, Nova Iorque.

Singer, B. e Kusmievek, J.T. (1982) *Ann. Rev. Biochem.* **51**, 655.

Sjoholm, I. e Ljungstedt, I. (1973) *J. Biol. Chem.* **248**, 8434.

Sjoholm, I. e Stjerna, B. (1981) *J. Pharm. Sci.* **70**, 1290.

Sjoholm, I., Ekman, B., Kober, A., Pahlman, I.L., Seiving, B. e Sjohn, T, (1979) *Mol. Pharmacol.* **16**, 767.

Slater, T.F. (1984) *Biochem. J.* **222**, 1.

Snyder, S.L. e Sobocinski, P.Z. (1975) *Anal. Biochem.* **64**, 284.

Sollene, N.P., Wu, H.-L. e Means, G.E. (1981) *Arch. Biochem. Biophys.* **207**, 264.

Spector, A.A. (1986) *Methods Enzymol.* **128**, 320.

Squire, P.G., Moser, P. e O'konski, C.T. (1968) *Biochemistry* **7**, 4261.

Srinivasan, A., Lehmler, H.J., Robertson, L.W. e Ludewig, G. (2001) *Toxicol. Sci.* **60**, 92.

Stadman, E.R. (1986) *Trends Biochem. Sci.* **11**, 11.

Stadman, E.R. (1992) *Science* **257**,1220.

Steenken, S. (1989) *Chem. Rev.* **89**,503.

Stephens, C.R., Murai, K., Brunings, K.J. e Woodward, R.B. (1956) *J. Am. Chem. Soc.* **78**, 4155.

Su, C.M., Brash, D.E., Chang, M.J., Hart, R.W. e D'Ambrosio, S.M. (1983) *Mutat. Res.* **108** (1-3), 1.

Sudlow, G., Birkett, D.J. e Wade, D.N. (1975) *Mol. Pharmacol.* **11**, 824.

Sudlow, G., Birkett, D.G. e Wade, D.N. (1976) *Mol. Pharmacol.* **12**, 1052.

Taira, Z. e Terada, H. (1985) *Biochem. Pharmacology* **34** (11), 1999.

Tamm, C., Shapiro, H.S., Lipshitz, R. e Chargaff, E. (1953) *J. Biol. Chem.* **203**, 673.

Tawara, S., Matsumoto, S., Matsumoto, Y., Kamimusa, T. e Goto, S. (1992) *J. Antibiot.* (Tóquio) **45**

(8), 1346.

Tayyab, S. e Qasim, M.A. (1987) *Biochim. Biófilos. Acta* **913**, 359.

Teoule, R. (1987) *Int. J. Radial. Biol.* **51**, 573.

Termini, J. (2000) *Mutat. Res.* **450**, 107.

Thin, R.N., Al.Rawi, Z.L. e Simmons, P.D. (1979) *Brit. J. Vener. Dis.* **55**, 348.

Thornalley, P.J. e Bannister, J.V. (1985) The spin trapping of superoxide radicals.In: *Handbook of methods for oxygen radicals research (Manual de métodos para pesquisa de radicais de oxigénio).* (Green Wald, R.A. eds.). CRC press, Boca Raton, Florida.

Toaff, R. e Ravid, R. (1966) *Lancet* **2**, 281.

Tompsett, R., Schultz, S. e McDermott, W. (1947) *J. Bacteriol.* **53**, 581.

Toyo-Oka, T. (1982) *Biochem. Biofísica. Res. Comun.* **107**,44.

Trapp, G.A. (1983) *Life Sci.* **33**, 311.

Trivedi,V.D., Vorum, H., Honore, B. e Qasim, M.A. (1999) *J. Pharm. Pharmacol.* **51** (5), 591.

Trynda-Lemiesz, L. e Kozlowski, H. (1996) *Bioorg. Med. Química.* **4** (10), 1709.

Tsou, K.C. e Yip, K.F. (1976) *Cancer Res.* **36**, 3367.

Urien, S., Nguyen, P. Berlwz, S. , Bree, F., Vacherot, F. e Tillement, J.P. (1994) *Biochem. J.* 30269.

Vallner, J. (1977) *J. Pharm. Sci.* **66**, 447.

von Sonntag, C. (1987) *The Chemical Basis of Radiation Biology* p. 116, Taylor and Francis, Londres.

Wagner, M.L. e Scheraga, H.A. (1956) *J. Phys. Chem.* **60**, 1066.

Waldmann, T.A. (1977) Em "Albumin Structure, Function and Uses" (Estrutura, Função e Utilizações da Albumina). (Rosenoer V. M., Oratz, M. e Rothschild, M.A., eds.) p. 255. Pergamon, Oxford.

Wani, A.A., Hadi, S.M. e Ahmad, N.S. (1978) *Specialia* **25**, 392.

Wani, A.A. e D'Ambrosio, S.M. (1986) *Arch. Biochem. Biophys.* *246* (2), 690.

Wani, A.A. e D'Ambrosio, S.M. (1987) *Carcinogenesis* **8** (8), 1137.

Wani, A.A., Wani, G. e D'Ambrosio, S.M. (1990) *Basic Life Sci.* **53**, 417.

Wartell, R.M., Larson, J.E. e Wells, R.D. (1975) *J. Biol. Chem.* **250**, 2698.

Weitzman, S.A., Weitberg, A.B., Clark, E.P. e Stossel, T.P. (1985) *Science* **227**, 1231.

Whalley, P.J., Adams, R.H. e Combes, B. (1964) *J. A. M. A.* **189**, 357.

Whitlam, J.B., Crooks, M.J., Brown, K.F. e Pedersen, P.V. (1979) *Biochem. Pharmacol.* **28**, 675.

Wilson, W.D. e Lopp, I.G. (1979) *Biopolymers* **18**, 3025.

Winckler, K. (1981) *Endoscopia* **13**, 225.

Wolff, S.P. e Dean, R.T. (1986) *Biochem. J.* **234**, 399.

Wolff, P.S., Garner, A. e Dean, R.T. (1986) *TIBS.* **11**, 27.

Womola, R. (1977) *E. Afr. Med. J.* **54**, 11.

Wong, A., Huang, C.H. e Crooke, S.T. (1984) *Biochemistry* **23**, 2946.

Wright, A.K. e Thompson, M.R. (1975) *Biophys. J.* **15**, 137.

Yamasaki, K., Mariuyama, T., Kragh-Hansen, U. e Otagiri, M. (1996) *Biochim. Biófilos. Acta.* **1295**, 147.

Yong, C.S. (1993) *Yakche Haknoechi* **23**, 119.

Yu, B.P. (1994) *Fisiol. Rev.* **74**, 139.

Zhang, B., Yang, Z. e Wang, W. (1993) *Gaodeng Xuxiao Huaxue Xuebao* **14**, 960.

Zhou, Y., Wang, Y., Hu, X., Huang, J., Hao, Y., Liu, H. e Shen, P. (1994) *Biophys. Química.* **51**, 81.

Zia, H. e Price, J.C., (1976) *J. Pharmaceutical Sci.* **65** 226.

Zimmer, C.H., Luck, G., Fritzsche, H. e Triebel, H. (1971) *Biopolymers* **10**, 441.

Zimmerman, R. e Cerutti, P. (1984) *Proc. Natl. Acad. Sci., USA.* **81**, 2085.

Zuehlke, R.L. (1973) *Arch. Dermatol.* **108**, 837.

Zunino, F., Gambetta, R., DiMarco, A. e Zaccara, A. (1972) *Biochim. Biófilos. Acta* **277**, 489.

I want morebooks!

Buy your books fast and straightforward online - at one of world's fastest growing online book stores! Environmentally sound due to Print-on-Demand technologies.

Buy your books online at
www.morebooks.shop

Compre os seus livros mais rápido e diretamente na internet, em uma das livrarias on-line com o maior crescimento no mundo! Produção que protege o meio ambiente através das tecnologias de impressão sob demanda.

Compre os seus livros on-line em
www.morebooks.shop

KS OmniScriptum Publishing
Brivibas gatve 197
LV-1039 Riga, Latvia
Telefax: +371 686 204 55

info@omniscriptum.com
www.omniscriptum.com

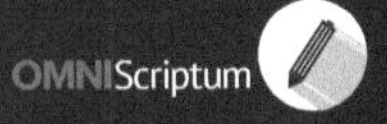

Printed by Books on Demand GmbH, Norderstedt / Germany